IPA-IAO

Forschung und Praxis

Band 102

Berichte aus dem
Fraunhofer-Institut für Produktionstechnik
und Automatisierung (IPA), Stuttgart,
Fraunhofer-Institut für Arbeitswirtschaft
und Organisation (IAO), Stuttgart, und
Institut für Industrielle Fertigung und
Fabrikbetrieb der Universität Stuttgart

Herausgeber: H. J. Warnecke und H.-J. Bullinger

Hans Sauer

Mengen- und ablauforientierte Kapazitätsplanung von Montagesystemen

Mit 64 Abbildungen

Springer-Verlag
Berlin Heidelberg New York Tokyo 1987

Dipl.-Wirtsch.-Ing. Hans Sauer

Fraunhofer-Institut für Arbeitswirtschaft und Organisation (IAO), Stuttgart

Dr.-Ing. H. J. Warnecke

o. Professor an der Universität Stuttgart
Fraunhofer-Institut für Produktionstechnik und Automatisierung (IPA), Stuttgart

Dr.-Ing. habil. H.-J. Bullinger

o. Professor an der Universität Stuttgart
Fraunhofer-Institut für Arbeitswirtschaft und Organisation (IAO), Stuttgart

D 93

ISBN-13:978-3-540-17815-6 e-ISBN-13:978-3-642-83100-3
DOI: 10.1007/978-3-642-83100-3

Gesamtherstellung: Copydruck GmbH, Heimsheim
2362/3020–543210

Geleitwort der Herausgeber

Futuristische Bilder werden heute entworfen:

o Roboter bauen Roboter,

o Breitbandinformationssysteme transferieren riesige Datenmengen in Sekunden um die ganze Welt.

Von der "menschenleeren Fabrik" wird da gesprochen und vom "papierlosen Büro". Wörtlich genommen muß man beides als Utopie bezeichnen, aber der Entwicklungstrend geht sicher zur "automatischen Fertigung" und zum "rechnerunterstützten Büro". Forschung bedarf der Perspektive, Forschung benötigt aber auch die Rückkopplung zur Praxis - insbesondere im Bereich der Produktionstechnik und der Arbeitswissenschaft.

Für eine Industriegesellschaft hat die Produktionstechnik eine Schlüsselstellung. Mechanisierung und Automatisierung haben es uns in den letzten Jahren erlaubt, die Produktivität unserer Wirtschaft ständig zu verbessern. In der Vergangenheit stand dabei die Leistungssteigerung einzelner Maschinen und Verfahren im Vordergrund. Heute wissen wir, daß wir das Zusammenspiel der verschiedenen Unternehmensbereiche stärker beachten müssen. In der Fertigung selbst konzipieren wir flexible Fertigungssysteme, die viele verkettete Einzelmaschinen beinhalten. Dort, wo es Produkt und Produktionsprogramm zulassen, denken wir intensiv über die Verknüpfung von Konstruktion, Arbeitsvorbereitung, Fertigung und Qualitätskontrolle nach. Rechnerunterstützte Informationssysteme helfen dabei und sollen zum CIM (Computer Integrated Manufacturing) führen und CAD (Computer Aided Design) und CAM (Computer Aided Manufacturing) vereinen. Auch die Büroarbeit wird neu durchdacht und mit Hilfe vernetzter Computersysteme teilweise automatisiert und mit den anderen Unternehmensfunktionen verbunden. Information ist zu einem Produktionsfaktor geworden, und die Art und Weise, wie man damit umgeht, wird mit über den Unternehmenserfolg entscheiden.

Der Erfolg in unseren Unternehmen hängt auch in der Zukunft entscheidend von den dort arbeitenden Menschen ab. Rationalisierung und Automatisierung müssen deshalb im Zusammenhang mit Fragen der Arbeitsgestaltung betrieben werden, unter Berücksichtigung der Bedürfnisse der Mitarbeiter und unter Beachtung der erforderlichen Qualifikationen. Investitionen in Maschinen und Anlagen müssen deshalb in der Produktion wie im Büro durch Investitionen in die Qualifikation der Mitarbeiter begleitet werden. Bereits im Planungsstadium müssen Technik, Organisation und Soziales integrativ betrachtet und mit gleichrangigen Gestaltungszielen belegt werden.

Von wissenschaftlicher Seite muß dieses Bemühen durch die Entwicklung von Methoden und Vorgehensweisen zur systematischen Analyse und Verbesserung des Systems Produktionsbetrieb einschließlich der erforderlichen Dienstleistungsfunktionen unterstützt werden. Die Ingenieure sind hier gefordert, in enger Zusammenarbeit mit anderen Disziplinen, z. B. der Informatik, der Wirtschaftswissenschaften und der Arbeitswissenschaft, Lösungen zu erarbeiten, die den veränderten Randbedingungen Rechnung tragen.

Beispielhaft sei hier an den großen Bereich der Informationsverarbeitung im Betrieb erinnert, der von der Angebotserstellung über Konstruktion und Arbeitsvorbereitung, bis hin zur Fertigungssteuerung und Qualitätskontrolle reicht. Beim Materialfluß geht es um die richtige Auswahl und den Einsatz von Fördermitteln sowie Anordnung und Ausstattung von Lagern. Große Aufmerksamkeit wird in nächster Zukunft auch der weiteren Automatisierung der Handhabung von Werkstücken und Werkzeugen sowie der Montage von Produkten geschenkt werden.

Von der Forschung muß in diesem Zusammenhang ein Beitrag zum Einsatz fortschrittlicher intelligenter Computersysteme erfolgen. Planungsprozesse müssen durch Softwaresysteme unterstützt und Arbeitsbedingungen wissenschaftlich analysiert und neu gestaltet werden.

Die von den Herausgebern geleiteten Institute, das

- Institut für Industrielle Fertigung und Fabrikbetrieb der Universität Stuttgart (IFF),

- Fraunhofer-Institut für Produktionstechnik und Automatisierung (IPA),

- Fraunhofer-Institut für Arbeitswirtschaft und Organisation (IAO)

arbeiten in grundlegender und angewandter Forschung intensiv an den oben aufgezeigten Entwicklungen mit. Die Ausstattung der Labors und die Qualifikation der Mitarbeiter haben bereits in der Vergangenheit zu Forschungsergebnissen geführt, die für die Praxis von großem Wert waren. Zur Umsetzung gewonnener Erkenntnisse wird die Schriftenreihe "IPA-IAO - Forschung und Praxis" herausgegeben. Der vorliegende Band setzt diese Reihe fort. Eine Übersicht über bisher erschienene Titel wird am Schluß dieses Buches gegeben.

Dem Verfasser sei für die geleistete Arbeit gedankt, dem Springer-Verlag für die Aufnahme dieser Schriftenreihe in seine Angebotspalette und der Druckerei für saubere und zügige Ausführung. Möge das Buch von der Fachwelt gut aufgenommen werden.

H. J. Warnecke · H.-J. Bullinger

Meinen Eltern,
Klara und Anton Sauer

Vorwort

Die vorliegende Dissertation entstand während meiner Tätigkeit als wissenschaftlicher Mitarbeiter der Abteilung Arbeitswirtschaft am Fraunhofer-Institut für Produktionstechnik und Automatisierung (IPA) und am Fraunhofer-Institut für Arbeitswirtschaft und Organisation (IAO) in Stuttgart.

Herrn Prof. Dr.-Ing. habil H.-J. Bullinger, Inhaber des Lehrstuhls für Arbeitswissenschaft an der Universität Stuttgart und Direktor des Fraunhofer-Instituts für Arbeitswirtschaft und Organisation (IAO), danke ich für seine wohlwollende Unterstützung und Förderung dieser Arbeit.

Herrn Prof. Dr.-Ing. R. Hackstein, Direktor des Forschungsinstituts für Rationalisierung (FIR) der Rheinisch-Westfälischen Technischen Hochschule Aachen, danke ich für die eingehende Durchsicht der Arbeit und die sich daraus ergebenden Hinweise.

Darüber hinaus möchte ich allen Kollegen des IAO danken, die mir durch kritische Anregungen und die stete Diskussionsbereitschaft bei der Erarbeitung dieser Dissertation sehr geholfen haben. Dieser Dank gilt insbesondere Herrn Dipl.-Inform. H. Linke, Herrn Dipl.-Wirtsch. Ing. M. Remmler und Herrn Dr.-phil. K. Kornwachs.

Meiner Frau Monika und unseren Kindern Marcus und Julian gilt ein herzliches Danke. Viele Stunden mußten sie auf ihren Mann bzw. Papi verzichten. Ihr Verständnis und ihre Unterstützung waren für mich eine große Hilfe.

Stuttgart, im Februar 1987 H. Sauer

INHALTSVERZEICHNIS

Seite

0 Verzeichnis verwendeter Größen, Einheiten und Abkürzungen 12

1 Einleitung 16

2 Kapazitätsplanung von Montagesystemen 19
2.1 Begriffsbestimmungen 19
2.2 Beschreibung des Montagesystems 20
2.3 Anforderungen an die Kapazitätsplanung von Montagesystemen 24
2.4 Vorhandene Arbeiten zum behandelten Problemkreis 30
2.5 Aufgabenstellung 36

3 Verfahren zur mengen- und ablauforientierten Kapazitätsplanung 38
3.1 Eingliederung des Verfahrens in den Planungsprozeß 38
3.2 Maßnahmen zur Kapazitätsplanung 40
3.3 Entwurf des Planungsverfahrens 44

4 Verfahren zur mengenorientierten Kapazitätsplanung 48
4.1 Auswahl der Methode 48
4.2 Modellbildung 49
4.2.1 Aufbau des Modells 49
4.2.2 Strukturierung der Planungsgrößen 51
4.2.3 Auswahl von Konzeptionen zur Verknüpfung von Teilsystemen 53
4.2.4 Struktur des Material- und Informationsflusses 55
4.2.5 Strategien zur Kapazitätseinlastung 58
4.2.5.1 Auswahl der Strategien 58
4.2.5.2 Algorithmierung der Strategien 60

Seite

4.3 Ermittlung der Modellparameter 64
4.3.1 Variablen und Randbedingungen des Modells 64
4.3.2 Ermittlung der Auftragsreihen 66
4.3.3 Berechnung der Kapazitäten 67
4.3.4 Berücksichtigung von Störungen 68
4.3.5 Berechnung der Restkapazitäten 69
4.4 Anwendung des Verfahrens zur mengenorientierten Kapazitätsplanung 72
4.4.1 Ablauf der Planung mit KAPSIM 73
4.4.2 Darstellung der Ergebnisse 76

5 Verfahren zur ablauforientierten Kapazitätsplanung 79
5.1 Anforderungen an die ablauforientierte Kapazitätsplanung 79
5.2 Einflußgrößen und Randbedingungen 81
5.3 Beschreibung des Verfahrens zur ablauforientierten Kapazitätsplanung 84
5.3.1 Die Zuordnung der Teilverrichtungen 85
5.3.2 Strategien zur ablauforientierten Kapazitätsplanung 89
5.3.3 Ergebnisse und deren Beurteilung 91
5.4 Einfluß der teilverrichtungsgebundenen Vorgabezeiten auf die ablauforientierte Kapazitätsplanung 94
5.4.1 Durchführung der Untersuchung 95
5.4.2 Interpretation der Ergebnisse 97
5.5 Anwendung des Verfahrens PAKAP zur ablauforientierten Kapazitätsplanung 99

Seite

6 Integrierte Anwendung von mengen- und ablauforientierter Kapazitätsplanung 104
6.1 Aufbau des Beispiels 104
6.2 Durchführung der mengen- und ablauforientierten Kapazitätsplanung 106
6.2.1 Entwicklung von Systemkonzeptionen 106
6.2.2 Ermittlung der Kapazität für die Systemkonzeptionen 108
6.2.3 Ermittlung der Kapazität unter Berücksichtigung von Kapazitätsausgleich 110
6.2.4 Ablauforientierte Kapazitätsteilung 112
6.2.5 Untersuchungen zum Systemverhalten 118
6.3 Zusammenfassende Ergebnisse und Planungshinweise 123

7 Zusammenfassung 127

Schrifttum 130

Anhang 140

0 Verzeichnis verwendeter Größen, Einheiten und Abkürzungen

Abkürzung	Einheit	Bedeutung
a	min	Kapazitätsbedarf des Ausgleichsproduktes
α		Faktor für die Zurechnung von Kapazitätsausgleich
b	min	Kapazitätsbedarf des Basisproduktes
E(x)	-	Erwartungswert einer Variablen
	-	Entscheidung
f	-	Umrechnungsfaktor
k	min	Kapazitätsbedarf
kstat	min	Kapazitätsbedarf pro Montagestation
K	min	Kapazitätsangebot
KA	min	Kapazitätsanteil eines Produktes
KWZ	DM	Werkzeugkosten

Abkürzung	Einheit	Bedeutung
LG	%	Leistungsgrad
MA	-	Anzahl Mitarbeiter
Ns	-	Anzahl Schichten
NWZ	-	Werkzeuganzahl
P	-	Produkt
pr	Stück/min	Produktionsrate
r	-	Korrelationskoeffizient
RK	min	Restkapazität
S	-	Montagestationen
ST	Stück	Stückzahl eines Produktes
STs	Stück	Stückzahl pro Schicht
STR	Stück	Reststückzahl

Abkürzung	Einheit	Bedeutung
ΔT	Tage	Periodenlänge
TA	min	Ausgleichsverlust
tp	min	Pausenzeit
tr	min	Rüstzeit für ein Produkt
TS	min	Stationszeit
ts	min	Schichtzeit
tstör	min	Stördauer einer Periode
TV	-	Teilverrichtung
tv	min/Stück	Vorgabezeit eines Produktes
u	-	Normalverteilte Zufallszahl aus [0,1]
Var	-	Varianz
x	-	Aufteilungsfaktor für den Kapazitätsbedarf eines Ausgleichsproduktes

Abkürzung	Einheit	Bedeutung
Z	min/Stück	Zykluszeit
z	-	Zuschlagsfaktor für Überkapazität
ZE	-	Zeiteinheit

1 Einleitung

Zur Sicherung der Wettbewerbsfähigkeit eines Unternehmens ist es erforderlich, daß die installierten Kapazitäten in der Produktion entsprechend der jeweiligen Marktsituation wirtschaftlich ausgelastet werden. Die Marktsituation ist geprägt durch eine zunehmende Typen- und Variantenvielfalt /1/ und durch eine ständig sich ändernde Nachfragemenge /2/ bei einem insgesamt stagnierenden Markt.

Insbesondere der Montagebereich als letzte Stufe im Produktionsprozeß muß veränderten Bedingungen schnell anpaßbar sein. Eine mit dem Nachfrageverhalten synchronisierbare Montage vermeidet Lagerkosten für Produkte in einer hohen Wertschöpfungsstufe. Es ist daher anzustreben, Montagesysteme zu installieren, die hinsichtlich der kapazitiven Auslastung flexibel betrieben werden können, so daß die technisch installierte Kapazität auch organisatorisch genutzt werden kann /3/.

Bei der Konzeption von Montagesystemen stellt sich das Problem, die zu montierenden Produkte insgesamt einem System zuzuordnen oder sie auf mehrere Teilsysteme aufzuteilen.

Es besteht das Problem, daß einerseits bei der Montage unterschiedliche Produkte auf einem System die einzelnen Montageabschnitte bzw. Stationen nicht gleichmäßig ausgelastet werden können und daß dadurch Kapazitätsverluste entstehen. Andererseits führt die Aufteilung eines Montagesystems in Teilsysteme und deren spezifische Auslegung auf bestimmte Produkte bei Nachfrageverschiebungen zur Unter- oder Überlastung einzelner Teilsysteme. Die Problemstellung hat also eine mengen- und eine ablaufbezogene Komponente, die sich jeweils aus den Nachfrageschwankungen bzw. aus dem Aufbau und Montageablauf der betrachteten Produkte ergibt.

Um die Risiken bei der Planung und Realisierung von Montagesystemen zu vermindern, müssen unterschiedliche Planungsalternativen entwickelt und verglichen werden /4, 5/. Da der

Planungsaufwand bei Berücksichtigung mehrerer Alternativen jedoch steigt und nur eine detaillierte Ausplanung der Systeme bis hin zu einzelnen Arbeitsstationen ausreichende Planungssicherheit gewährleistet, ist es erforderlich, dem Planer entsprechende Hilfsmittel zur Verfügung zu stellen /6, 7/.

Diese Unterstützung ist insbesondere im Bereich der Montage erforderlich, da noch in vielen Unternehmen die Meinung anzutreffen ist, daß dieser Bereich aufgrund seiner Komplexität nicht genau geplant werden kann /8/.

Im Rahmen der vorliegenden Arbeit soll deshalb, wie in Bild 1 dargestellt, ein EDV-gestütztes Verfahren zur mengen- und ablauforientierten Kapazitätsplanung entwickelt und erprobt werden. Ausgehend von der Problematik bei der Kapazitätsplanung von Montagesystemen wie z.B. die Unsicherheit bei der Ermittlung bzw. Abschätzung von kapazitätsbestimmenden Planungsgrößen soll der Planunsprozeß und das Planungsobjekt analysiert werden. Die Analyse des Prozesses unter besonderer Berücksichtigung der Planungsphasen soll helfen, das Verfahren planungsbegleitend einsetzen zu können. Das Erkennen der wesentlichen Elemente eines Montagesystems und deren Abbildung in einem Modell dient der Strukturierung und Lösung des Planungsproblems.

Mit dem Verfahren soll ein Beitrag geleistet werden, sinnvolle und notwendige Kapazitätsanpassungen beim Betreiben von Montagesystemen bereits im Planungsstadium erkennen und bei der Auslegung des Systems berücksichtigen zu können.

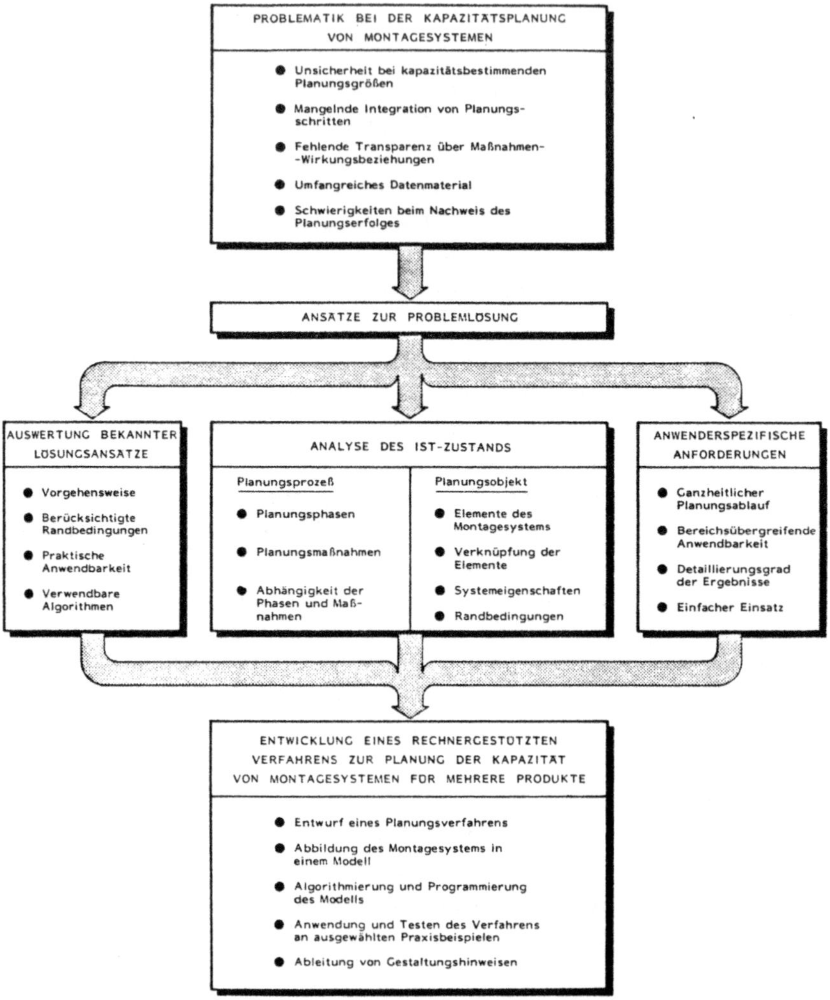

Bild 1: Vorgehensweise zur Entwicklung eines rechnergestützten Verfahrens zur Planung der Kapazität von Montagesystemen

2 Kapazitätsplanung von Montagesystemen

2.1 Begriffsbestimmungen

Die Kapazität eines Montagesystems wird bereitgestellt durch die darin arbeitenden Werker und die Betriebsmittel; beide können im Hinblick auf die Erfüllung bestimmter Aufgaben qualitativ und quantitativ beschrieben werden. Es wird definiert, daß die qualitative Kapazität eines Werkers durch dessen Leistungsangebot und die eines Beriebsmittels durch dessen Leistungsvermögen gegeben sind /9/. Die quantitative Kapazität ist bestimmt durch die Anzahl sowie den Zeitpunkt und die Dauer des Einsatzes der Werker oder der Betriebsmittel.

Die quantitative Kapazität eines Betriebsmittels ergibt sich aus dessen Einsatz, meßbar in Zeiteinheiten je Zeitabschnitt. Unter der qualitativen Kapazität, dem Leistungsvermögen des Betriebsmittels, soll demgegenüber dessen Einsatzmöglichkeit verstanden werden, ausgedrückt in Minimal- bzw. Maximalkapazität.

Die Kapazität eines Werkers, qualitativ wie quantitativ, wird hier nur insoweit berücksichtigt, als sie zur Nutzung der Kapazität eines Montagesystems notwendig ist.

Diese Einschränkung hat zur Folge, daß die Kapazität des Montagesystems schwerpunktmäßig von technischer Seite betrachtet wird; sie wird im folgenden als Kapazitätsangebot bezeichnet.

Das Kapazitätsangebot eines Montagesystems läßt sich gliedern in Teilkapazitäten. Die kleinste Einheit des Kapazitätsangebotes ist das Kapazitätsangebot der Arbeitsstation.

Der Kapazitätsbedarf wird bestimmt durch die Nachfrage nach Produkten seitens des Marktes und läßt sich ausdrücken durch das Kapazitätsangebot, das zur Erfüllung der Nachfrage erforderlich ist.

Der Kapazitätsbedarf kann ebenfalls beschrieben werden durch eine quantitative und eine qualitative Komponente. Der quantitative Kapazitätsbedarf wird bestimmt durch die Nachfragemenge und ist meßbar - entsprechend dem Kapazitätsangebot - in Zeiteinheiten je Zeitabschnitt. Die qualitative Komponente kann beschrieben werden durch die Art der Nachfrage, ausgedrückt durch die unterschiedlichen Typen des Erzeugnisprogramms sowie deren Nachfrageverläufe.

Die zentrale Aufgabe der Kapazitätsplanung ist die Abstimmung von Kapazitätsbedarf und -angebot /9/. Bei dieser Aufgabe ist zwischen einem kurz-, mittel- und langfristigen Anteil zu unterscheiden. Die kurzfristige Kapazitätsplanung beinhaltet die Planung des Einsatzes der Kapazität - bestimmende Größe ist das vorhandene, von technischer Seite nicht veränderbare Kapazitätsangebot. Die langfristige Komponente beinhaltet die Planung und Beschaffung des Kapazitätsangebots - bestimmende Größe ist der erwartete Kapazitätsbedarf.

Im Rahmen dieser Arbeit wird schwerpunktmäßig die langfristige Kapazitätsplanung betrachtet, d.h. die Planung von Montagesystemen durch Abstimmung des qualitativen und quantitativen Kapazitätsbedarfs und -angebots. Die Auslegung des Montagesystems ist also gestaltbar oder veränderbar.

2.2 Beschreibung des Montagesystems

Ein Montagesystem besteht, wie in Bild 2 dargestellt, aus den Elementen Mensch und Betriebsmittel und ist gekennzeichnet durch deren Beziehungen zueinander.

Die Betriebsmittel lassen sich im Montagebereich schwerpunktmäßig einteilen in

- Arbeitsstationen mit Werkzeugen und Vorrichtungen
- Verkettungsmittel und
- Puffer

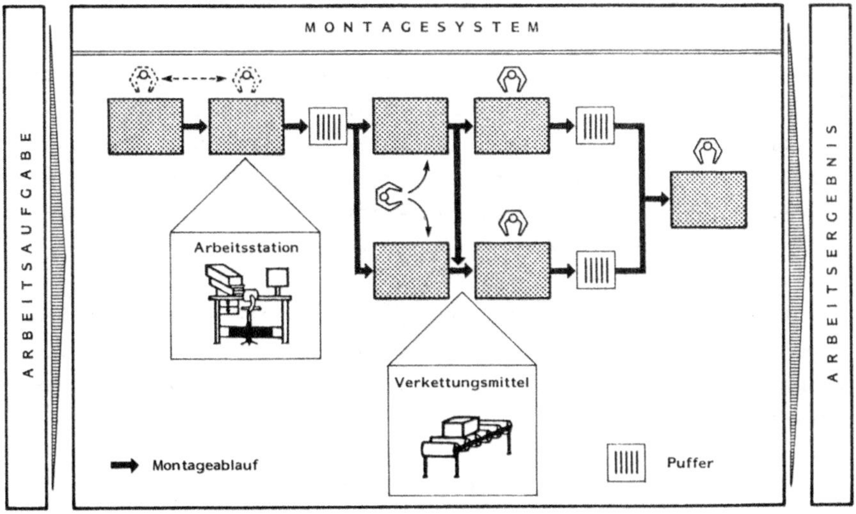

Bild 2: Elemente eines Montagesystems

Die Verknüpfung der Systemelemente dient der Montage von Werkstücken unter Eingabe von Informationen wie z.B. des Produktionsprogramms, der Arbeitspläne usw. sowie von Material und Energie /10/. Das Zusammenwirken der Elemente wird bestimmt durch den Montageablauf der Werkstücke.

Die zu montierenden Werkstücke stellen Typen des Erzeugnisprogramms dar. Die einzelnen Typen unterscheiden sich durch die zu montierenden Bauteile, die dabei auszuführenden Montagetätigkeiten und die Vorgabezeit.

Im Produktionsprogramm wird festgelegt, welche Typen in welcher Menge und in welchem Zeitabschnitt zu montieren sind.

Der Montageablauf wird weitgehend bestimmt durch den konstruktiven Aufbau der Typen und damit verbunden durch die Folge der Tätigkeiten zur Montage der einzelnen Bauteile. Diese Reihenfolgebeziehungen der einzelnen Montagetätigkeiten wird als Montageablaufstruktur bezeichnet /11/ und bietet gerade bei komplexen Produkten eine Vielzahl von Spielräumen, die zur Planung des Montageablaufs genutzt werden können.

Neben dem Produktaufbau wird der Montageablauf maßgeblich von der Wahl der Organisationsform bestimmt. Während beim Organisationsprinzip der Platzmontage Werker und Produkt stationär gehalten werden, wird beim Fließprinzip das Produkt von Arbeitsstation zu Arbeitsstation bewegt, und die Mitarbeiter sind ortsgebunden /12/.

Die Aufgabe der Kapazitätsplanung besteht darin, auf der Basis des Kapazitätsbedarfs (Nachfragemenge, Vorgabezeit) der einzelnen Typen und deren Spielräume in der Montageablaufstruktur, ein geeignetes Montagesystem zu entwickeln.

Das Montagesystem kann - entsprechend Bild 3 - aus mehreren Teilsystemen bestehen. Innerhalb des Montagesystems können

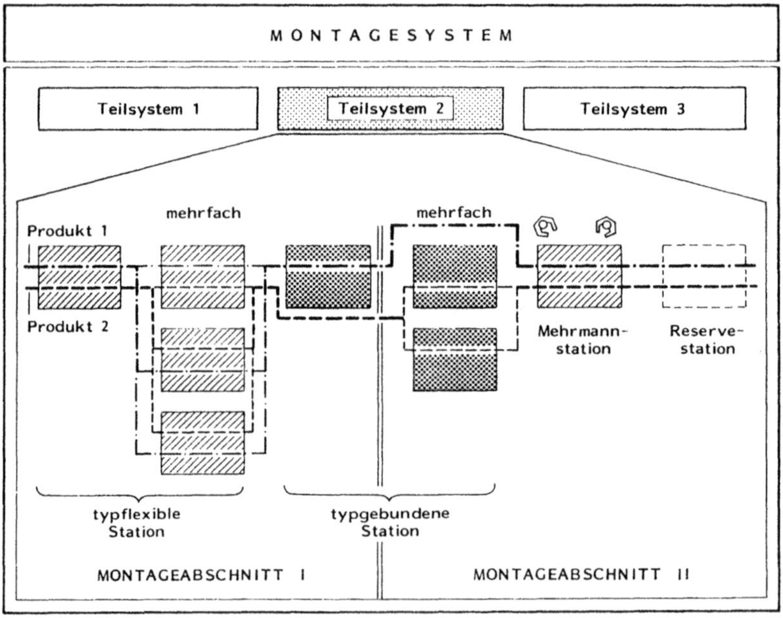

Bild 3: Aufbau eines Montagesystems

Montageabschnitte gebildet werden; diese sind durch den Montageablauf verknüpft. Der kleinste Abschnitt ist die Montagestation, der bestimmte Tätigkeiten - abgeleitet aus der Montageablaufstruktur - zugeordnet sind.

Insbesondere bei der Montage von unterschiedlichen Produkttypen ist es erforderlich, zwischen

- typflexiblen Stationen und
- typgebundenen Stationen

zu unterscheiden.

Typflexible Stationen werden von allen Produkten durchlaufen, die dem Montagesystem oder einem Teilsystem zugeordnet sind. Demgegenüber sind typgebundene Stationen nur für einen Teil der Produkttypen ausgelegt. Typgebundene Stationen können erforderlich werden, wenn bestimmte Tätigkeiten aus qualitativer bzw. quantitativer Hinsicht nicht auf derselben Station zusammengefaßt werden können. Die qualitative Einschränkung bezieht sich auf die Art, die quantitative Einschränkung hingegen auf den zeitlichen Umfang der Tätigkeiten einer Montagefolge.

Typflexible Stationen sind ebenso wie die typgebundenen hinsichtlich des Montageablaufs in Reihe geschaltet, d.h. an diesen Stationen werden der Art nach unterschiedliche Tätigkeiten ausgeführt.

Reservestationen werden für zusätzlichen Kapazitätsbedarf bzw. für Nachfragespitzen installiert. Sie können in einem Teilsystem integriert oder als organisatorisch getrenntes Teilsystem bereitgestellt werden.

Einzelne Stationen können als Mehrfachstationen ausgelegt sein. Diese Stationen sind parallel geschaltet, und es werden dort jeweils die gleichen Montagetätigkeiten ausgeführt. Die einer Mehrfachstation zugeordneten Typen durchlaufen jeweils eine der parallel geschalteten Stationen, d.h. die Produktionsstückzahl ist hinsichtlich der Menge aufgeteilt.

Vom obigen Stationstyp zu unterscheiden ist die Mehrmannstation, der mehrere Mitarbeiter zugeordnet sind. Zur Vermeidung von Abstimmungsproblemen dürfen diesen Mitarbeitern nur von der Montagefolge unabhängige und damit der Art nach unterschiedliche Tätigkeiten zugeteilt werden. Eine davon abweichende Situation ergibt sich dann, wenn einzelne Tätigkeiten nur mit gegenseitiger Unterstützung ausgeführt werden können. Der Typ einer Mehrmannstation ist üblicherweise bei der Montage von großvolumigen Produkten anzutreffen.

2.3 Anforderungen an die Kapazitätsplanung von Montagesystemen

Die langfristig ausgerichtete Planung und Bereitstellung der Kapazität von Montagesystemen wird bestimmt durch die Anforderungen seitens des Kapazitätsbedarfs. Dies sind insbesondere Anforderungen seitens des Marktes wie z.B. Nachfragemenge und Nachfrageverläufe sowie der einzelnen Produkttypen und deren Montageablaufstrukturen. Grundlage für die Kapazitätsplanung sind sowohl Erfahrungen aus der Vergangenheit über das Verhalten dieser Größen sowie die Einschätzung deren zukünftiger Entwicklung.

Die Anforderungen an ein System kommen mit einer statischen Berechnung des Kapazitätsbedarfs bzw. mit Durchschnittswerten nicht zum Ausdruck; vielmehr müssen die einzelnen Größen in ihrem dynamischen Verhalten berücksichtigt werden. Das bedeutet, daß bereits im Planungsstadium die Elemente eines Montagesystems dahingehend überprüft werden sollten, wie sie unter diesen dynamisch geprägten Anforderungen zusammenwirken.

Grundlage für diese Untersuchungen sind Aufgaben, wie sie von der Fertigungssteuerung beim Betreiben eines Montagesystems wahrgenommen werden. Solche Aufgaben sind z.B. die kurzfristige Kapazitätsabstimmung zur optimalen Auslastung des Gesamtsystems oder die Optimierung der Produktreihenfolge zur Vermeidung von Verlustzeiten /13/. Einflüsse seitens des Aufbaus der einzuplanenden Produkte werden durch die Montageablaufstruktur berücksichtigt.

Bei der Planung der Kapazität sind daher, wie in Bild 4 aufgezeigt, neben den mengen- auch ablaufbezogene Daten zu berücksichtigen.

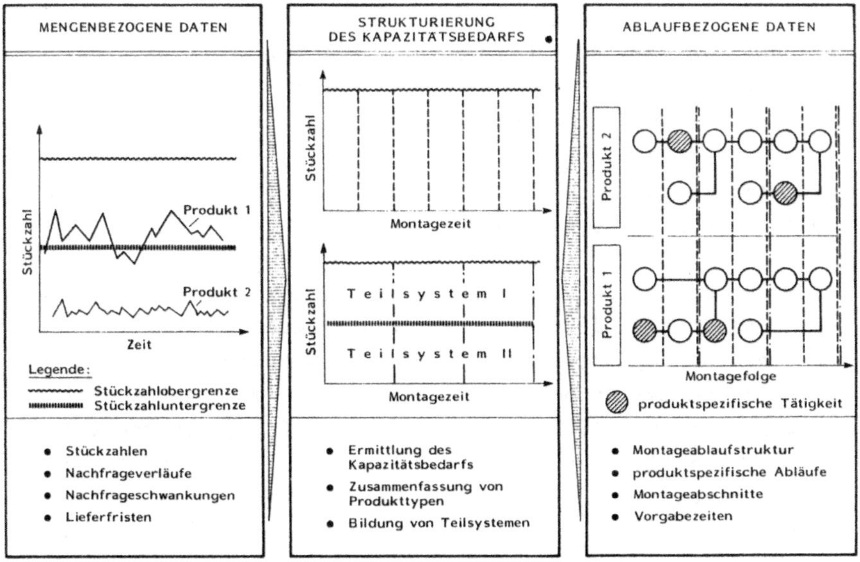

Bild 4: Mengen- und ablaufbezogene Daten zur Strukturierung des Kapazitätsbedarfs

Aus der Analyse der mengenbezogenen Daten lassen sich die Nachfragemenge der einzelnen Produkte und insbesondere die Nachfrageschwankungen erkennen.

Die ablaufbezogenen Daten beinhalten die Montageablaufstruktur der Produkte, d.h. die logischen Abhängigkeiten der einzelnen Montagetätigkeiten sowie den zeitlichen Spielraum zu deren

Ausführung. Sie geben Hinweise zur Aufteilung der Montagetätigkeiten und deren Zuordnung zu Montageabschnitten bzw. Arbeitsstationen. Aus der Strukturierung des Kapazitätsbedarfs lassen sich Ansätze zur Aufteilung des Kapazitätsangebots ableiten. Dieses Vorgehen wird als Kapazitätsteilung bezeichnet.

In Bild 4 sind z.B. zwei Möglichkeiten der Kapazitätsteilung aufgezeigt. Im einen Fall ist ein Montagesystem zur Abdeckung des gesamten Kapazitätsbedarfs - orientiert an der Stückzahlobergrenze - dargestellt. Die einzelnen Montageabschnitte entstehen durch Aufteilung der Montagefolge der zu montierenden Produkte. Eine Alternative dazu stellt die Aufteilung der Kapazität in zwei Teilsysteme dar. Eines der beiden Teilsysteme - ausgelegt zur Abdeckung der Stückzahluntergrenze - könnte immer voll ausgelastet werden. Die bearbeitete Montagefolge pro Montageabschnitt wird vergrößert aufgrund der Kapazitätsteilung in zwei Teilsysteme.

Probleme bei der Analyse der mengen- und ablaufbezogenen Daten ergeben sich aus der Anzahl der Einflußgrößen und deren gegenseitigen Abhängigkeiten sowie aus der mangelnden Datenverfügbarkeit und der Datenunsicherheit gerade im Planungsstadium. So können sich z.B. Vorgabezeiten in Abhängigkeit von der Lösungsalternative verändern bzw. lassen sich zukünftige Nachfrageentwicklungen oft nicht abschätzen. Weiterhin besteht das Problem, Auswirkungen von Einzelmaßnahmen oder von veränderten Randbedingungen isoliert messen zu können. Für die Planung ist aber die Quantifizierung solcher Auswirkungen von Bedeutung, um so die Vorteilhaftigkeit einzelner Maßnahmen bzw. gesamter Lösungen beurteilen zu können. Der Planer wird bei Entscheidungen unterstützt, wenn er vergleichbare Hinweise erhält, welche Anforderungen durch welche Maßnahmen bzw. Maßnahmenkonstellationen erfüllt werden und dies sowohl in der Phase der Grobplanung als auch bei der Detailplanung und Optimierung von Montageabläufen.

In Bild 5 sind Anforderungen aufgezeigt, deren Erfüllung die Abstimmung von Kapazitätsbedarf und Kapazitätsangebot erleichtert.

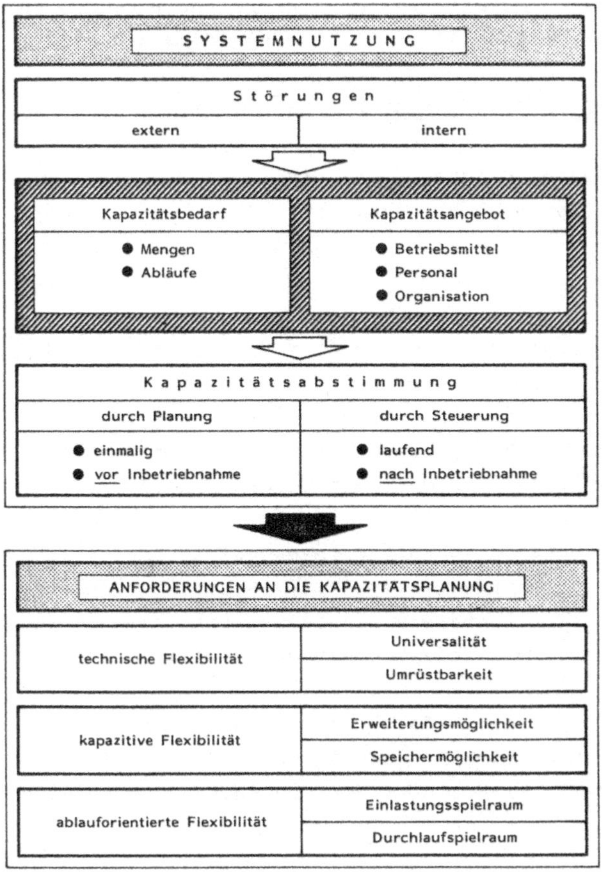

Bild 5: Anforderungen an die Kapazitätsplanung

Diese Anforderungen an die Kapazitätsplanung werden bestimmt durch stochastisch auftretende Ereignisse wie z.B. Störungen und kontinuierlich anfallende Aufgaben der Fertigungssteuerung beim Betreiben eines Montagesystems.

Die technische Flexibilität - ausgedrückt durch die Universalität und Umrüstbarkeit der Betriebsmittel - ist eine Anforderung an die Ausrüstung des Montagesystems und ist schwerpunktmäßig eine Frage der technischen Machbarkeit und der Wirtschaflichkeit. Baukastensysteme für die Montage bilden Ansätze zur Abdeckung dieser Flexibilitätsanforderungen /14/.

Die kapazitive Flexibilität beinhaltet die

- Speichermöglichkeit und die
- Erweiterungsmöglichkeit

eines Montagesystems.

Die Speichermöglichkeit betrifft die Fähigkeit eines Systems, Kapazität in Form von z.B. Puffern oder Zwischenlagern zu speichern, um damit einen Arbeitsvorrat zu bilden, mit dem innerhalb eines Teilsystems Auslastungsunterschiede ausgeglichen oder Störungen aufgefangen werden können.

Die Erweiterungsmöglichkeit ist gekennzeichnet durch die quantitative Leistungsreserve eines Systems. Sie läßt sich erreichen z.B. durch Überstunden oder durch Optionen in der Systemauslegung zum Zuschalten weiterer Kapazitätseinheiten.

Das Erkennen solcher Anforderungen und das Einplanen solcher Optionen verhindert z.B., daß einzelne Teilsysteme überlastet und damit meist nicht im effektiven Auslastungsbereich betrieben werden.

Die ablauforientierte Flexibilität läßt sich durch Anforderungen beschreiben, welche den

- Einlastungsspielraum und den
- Durchlaufspielraum

eines Montagesystems angehen.

Der Einlastungsspielraum ist zum einen gegeben durch die Möglichkeit, bei der Einlastung von Aufträgen diese zu vertauschen bzw. zeitlich zu verschieben. Bei diesem zeitlichen Abgleich sollen die Spielräume seitens des Kapazitätsbedarfs genutzt werden können. Zum anderen sollen Möglichkeiten geboten werden, Aufträge abhängig von der jeweiligen Auslastungssituation unterschiedlichen Teilsystemen zuordnen zu können; dieser kapazitive Abgleich nutzt die Spielräume des Kapazitätsangebots.

Spielräume hinsichtlich des Durchlaufs einzelner Produkte bzw. Aufträge ergeben sich u.a. durch die unterschiedliche personelle Besetzung der Montagesysteme. Eine Veränderung der Mitarbeiterzahl bringt aber auch eine andere Zuordnung der Montagetätigkeiten zu Mitarbeitern bzw. Stationen mit sich.

Gerade die ablauforientierten Flexibilitätsanforderungen müssen bereits im Planungsstadium erkannt und systemseitig durch technische (z.B. Vorrichtungen) und organisatorische (z.B. Strategien des Personaleinsatzes und der Materialbereitstellung) Voraussetzungen umgesetzt werden. Werden diese Bemühungen in die Phase der Disposition und Steuerung konzentriert, so sind bedeutende Einsparungsmöglichkeiten bereits vertan /15/.

Die oben formulierten Anforderungen, sei es von seiten der Daten oder hinsichtlich der Planungsspielräume und dem damit verbundenen Maßnahmenspektrum, verdeutlichen den Umfang der Planungsaufgabe.

Gerade die Berücksichtigung des dynamischen Verhaltens sowohl der Montagesysteme selbst als auch der darauf wirkenden Einflußgrößen ist im Stadium der Planung ohne den Einsatz der EDV aufgrund der zu verarbeitenden Datenmenge und der gegenseitigen Abhängigkeiten der Daten schwer möglich. Ein EDV-gestütztes Vorgehen zur Kapazitätsplanung bietet zudem auch die Möglichkeit, ein breites Lösungsspektrum zu betrachten und die einzelnen Lösungen detailliert auszuplanen. Der Einsatz der

EDV kann damit zu einer Verbesserung der Planungsgüte beitragen, setzt allerdings ein ganzheitliches Verfahren voraus mit klar definierten Planungsschritten und eindeutigen Schnittstellen zwischen Mensch und Rechner, denn die planerische Kreativität im Planungsprozeß ist nicht zu ersetzen.

2.4 Vorhandene Arbeiten zum behandelten Problemkreis

Zum Problemkreis der Kapazitätsplanung von Montagesystemen sind, verbunden mit der Zielsetzung des Rechnereinsatzes, folgende Themenschwerpunkte zu analysieren:

- Vorgehen zur Planung von Montagesystemen
- Verfahren zur Kapazitätsplanung
  - kurz- und mittelfristig zur Steuerung und
  - langfristig zur Auslegung von Montagesystemen.

Zur Planung von Montagesystemen ist ein breites Spektrum an sich teilweise überdeckenden <u>Vorgehensweisen</u> vorhanden. REFA beschreibt sechs Phasen zur Durchführung komplexer Planungsaufgaben /16/. Diese Arbeit ist als Grundlage der manuell anwendbaren Vorgehensweisen zu betrachten; ein Ziel ist die Systematisierung des Planungsprozesses. Der Planer erhält Hinweise, wie die einzelnen Phasen abzuarbeiten und welche Hilfsmittel dabei anzuwenden sind. Metzger /10/ stellt eine Planungssystematik dar und weist auf die Beachtung der produktseitigen Randbedingungen bei der Planung von Montagesystemen hin. Als Hilfsmittel zur "Ermittlung der Montagestruktur" wird der Vorranggraph angegeben; dessen konkrete Nutzung zur Planung des Montageablaufs wird jedoch nicht behandelt.

Ablaufbezogene Daten werden in /12, 17/ berücksichtigt und zur Bildung von stationsbezogenen Arbeitsinhalten umgesetzt. Die dazu eingesetzten EDV-gestützten Verfahren entsprechen denen, die zur Leistungsabstimmung von Großserienmontagen bekannt sind und auf die später noch eingegangen wird.

Die oben angeführten Vorgehensweisen beschreiben einzelne Planungsschritte und ordnen ihnen Planungshilfsmittel zu. Grundlage für die Planung sind überwiegend mengenbezogene Daten. Auf die Beachtung unterschiedlicher Typen und Varianten wird hingewiesen, die Umsetzung im Planungsprozeß wird jedoch von keinem der Autoren vorgenommen.

Die Einbeziehung der Montageablaufstruktur zur Planung der Kapazitätsteilung wird in /18/ vorgenommen. Dort wird das Kapazitätsfeld als manuell anwendbares Hilfsmittel dargestellt und Möglichkeiten zur Kapazitätsteilung werden diskutiert. Auf der Basis der Montageablaufstruktur werden Montageabschnitte gebildet, und es wird versucht, in Kombination mit der zu produzierenden Stückzahl, gleiche Kapazitätseinheiten für die Mitarbeiter zu schaffen. Das Kapazitätsfeld ist einsetzbar zur isolierten Betrachtung der Kapazitätsteilung für ein Produkt. Die Lösungsmenge bei der Kombination von zwei und mehreren Produkten ist - insbesondere bei zunehmend unterschiedlicher Montageablaufstruktur und bei steigender Zahl der Arbeitsstationen - nicht darstellbar und bei manueller Planung nicht mehr überschaubar. Das Planungsergebnis ist in starkem Maße von der Erfahrung und der Produktkenntnis des Planers abhängig.

Ein Vorgehen zur Untersuchung des Erzeugnisprogramms mit dem Ziel, Produktgruppen zu bilden, wird in /19/ aufgezeigt. Hier fehlen jedoch ablaufbezogene Kriterien und die Einbettung des Verfahrens in den Planungsprozeß.

An <u>Verfahren zur Kapazitätsplanung</u> sind diejenigen zu nennen, die <u>im Rahmen der Fertigungssteuerung</u> zur Anwendung kommen. Aus der Vielzahl der Verfahren werden nur solche aufgeführt, die Lösungshinweise geben, wie die in Kapitel 2.3 formulierten Anforderungen erfüllt werden können.

Dies sind in erster Linie Verfahren zur Kapazitätsabstimmung von bestehenden Systemen; sie sollen die Aufgabe erfüllen, die Abweichungen, die in einem dynamischen Produktionsprozeß zwischen Kapazitätsangebot und Kapazitätsbedarf fortwährend auftreten, so auszugleichen, daß die vorhandene Kapazität optimal ausgelastet, eine schnelle Auftragsabwicklung und die Einhaltung bereits vorgegebener Liefertermine gewährleistet ist.

Ein umfassendes Produktionsplanungs-, Informations- und Steuerungssystem wird in /20/ beschrieben. Integrierte Simulationsfunktionen haben die Aufgabe, Auswirkungen von Auftragsverschiebungen auf das Auslastungsprofil aufzuzeigen. Strategien zur automatischen Kapazitätsdisposition sind in dem Verfahren nicht vorgegeben. Zur Zeitplanung wird die Produkt-Intervall-Methode (PIM) dargestellt, ein Stichprobenverfahren, mit dem die Durchlaufzeit für Einzelabläufe und im statistischen Durchschnitt bestimmt werden kann /21/.

Abweichend zu den meisten bekannten Verfahren wird in /22/ folgende Forderung in ein Kapazitätsabstimmungsverfahren mit einbezogen: Um eine Echtzeit-Datenverarbeitung zu ermöglichen, dürfen bereits eingeplante Aufträge nicht "zufällig" verschoben werden, da sonst bei jeder Änderung eine völlig neue Einlastung aller Aufträge notwendig wäre.

Im Gegensatz zur maschinenorientierten Kapazitätsabstimmung stellt /23/ ein funktionales Kapazitätsabstimmungsverfahren für flexible Fertigungssysteme dar, das insbesondere die kurzfristige Planungsphase der Fertigungssteuerung berücksichtigt. In /24/ wird ein Verfahren zur Kapazitätsabstimmung durch zeitliche Verlagerung von Kapazitätsbedarf und durch Variation der Losgrößen vorgestellt.

Zur Lösung der vorliegenden Problemstellung ist eine direkte Umsetzbarkeit der Verfahren zur Kapazitätsabstimmung aus dem Bereich der Fertigungssteuerung nicht gegeben. Zum einen wird die Kapazitätsplanung vorwiegend im Bereich der Fertigung durchgeführt /25/. Andererseits werden die angegebenen Strategien auf bestehende Systeme angewandt. Ziel dabei ist, ein bestimmtes System durch die Auswahl geeigneter Strategien optimal auszulasten; Freiheitsgrade von seiten des Montagesystems bestehen also nicht. Aus den oben beschriebenen Verfahren lassen sich daher lediglich Anforderungen und grundsätzliche Algorithmen zum Betreiben von Montagesystemen ableiten.

An rechnerunterstützten Verfahren, die ablauforientierte Daten und durch den Produktaufbau bedingte Freiheitsgrade berücksichtigen, sind schwerpunktmäßig diejenigen zur Optimmung der Produktreihenfolge und zur Leistungsabstimmung zu analysieren.

Bei Produkten die Unterschiede hinsichtlich des Aufbaus und der Vorgabezeiten aufweisen, kann sich für jedes Produkt ein anderer Arbeitsumfang pro Station ergeben. Je nach Reihenfolge der Einsteuerung der Produkte führt diese Situation zu Wartezeiten für die Mitarbeiter. Verfahren zur Reihenfolgeoptimierung sind in /26, 27, 28/ entwickelt worden. Die heuristischen Verfahren versuchen anhand von Zielfunktionen die Auslastung der Montagestationen durch Variation der Produktreihenfolge zu optimieren. Es wird gezeigt, wie organisatorische Maßnahmen beim Betreiben des Systems, wie z.B. überlappende Stationsbereiche, die Optimierung unterstützen /13/.

Diese Arbeiten geben wertvolle Hinweise, welche Voraussetzungen im Stadium der Planung und Bereitstellung von Kapazität zu berücksichtigen sind, um die notwendigen Freiheitsgrade zur Reihenfolgeoptimierung zu schaffen.

Die Leistungsabstimmung hat das Ziel, Tätigkeiten zur Montage eines Produktes den Stationen einer Montagelinie zuzuordnen und zwar so, daß der Arbeitsumfang der einzelnen Stationen zeitlich aufeinander abgestimmt ist und Verlustzeiten vermieden werden. Die Montageablaufstruktur ist die Basis für die Leistungsabstimmung; insofern besteht sowohl von der Aufgabenstellung als auch von der Informationsbasis her eine teilweise Überdeckung zu dem im Rahmen dieser Arbeit behandelten Problemfeld.

Umfassend ist die Aufgabe der Leistungsabstimmung in /29/ behandelt worden. Weitere Arbeiten liegen dazu in /30, 31/ vor. Die Möglichkeit zur Einflußnahme des Planers auf die laufende

Abstimmung ist bei dem interaktiven Ansatz in /32/ gegeben.

Auf Kleinrechner implementierte Verfahren werden in /33, 34/ beschrieben. Eine Erweiterung des Lösungsansatzes ist allerdings gegenüber den oben beschriebenen Ansätzen nicht zu erkennen. Ein Verfahren zur Überprüfung von abgestimmten Montagelinien ist Gegenstand einer weiteren Arbeit /35/. Mit diesem Ansatz sollen Auslastungsverbesserungen durch andere Zuordnungsmöglichkeiten der Tätigkeiten zu den Montagestationen aufgezeigt werden.

Die meisten Verfahren zur Leistungsabstimmung sind schwerpunktmäßig für die Automobilindustrie entwickelt worden. Sie dienen dort - ähnlich der Reihenfolgeplanung - zur Abstimmung bestehender Montagesysteme in Linienanordnung. Die bei den genannten Verfahren angewandten Strategien sind z.B. nur bedingt bei losweiser Montage mit Umrüsten und bei Platzmontage einsetzbar.Aufgrund des Einsatzes der Verfahren im Systembetrieb können Freiheitsgrade des Montagesystems, wie sie im Stadium der Planung noch vorhanden sind, nicht genutzt werden und sind bei den Verfahren daher auch nicht berücksichtigt.

Zur langfristigen Kapazitätsplanung und Systemauslegung sind u.a. Verfahren analysiert worden, die zur Planung von flexiblen Fertigungssystemen entwickelt worden sind /36, 37, 38/. Diese simulationsgestützten Verfahren werden zur Dimensionierung, Gestaltung des Materialflusses und der Steuerung eingesetzt. Eine weitere Arbeit beschäftigt sich mit der Planung der Arbeitsteilung von NC-Arbeitssystemen /39/. Zur Planung von Montagesystemen sind diese Verfahren nicht übertragbar, da in der Montage die Randbedingungen seitens des Produktaufbaus und die Planung des Montageablaufs die Systemgestaltung in stärkerem Maße beeinflussen als dies in der Teilefertigung der Fall ist.

Für den Bereich der Montage sind Arbeiten bekannt, die sich mit der Planung des Materialflusses beschäftigen insbesondere in Verbindung mit dem Einsatz von fahrerlosen Transportsystemen /40, 41, 42/. Mit diesen Verfahren werden schwerpunktmäßig der Material- und Werkstücktransport sowie die Auslastung des Transportmittels optimiert. Der Montageablauf auf der Basis der zu montierenden Produkte und die Kapazitätsteilung werden nicht geplant.

Zur Planung und Auslegung automatisierter Montagesysteme wird in den Arbeiten /43, 44/ beschrieben, wie mit Hilfe der Simulation schwerpunktmäßig die Automatikstationen bzw. deren Funktionen und deren Peripherie unter Auslastungsgesichtspunkten überprüft werden kann. Die Berücksichtigung produktseitiger Randbedingungen zur Bildung von Arbeitsinhalten für die einzelnen Stationen wird auch hier nicht behandelt.

Das in /45/ beschriebene Instrumentarium zur Planung und Steuerung von Montageabläufen ist für die Anwendung bei Einzel- und Serienmontage großvolumiger Produkte mit hohen Vorgabezeiten entwickelt worden. Die Planung des Montageablaufs wird im wesentlichen mit den bekannten Verfahren zur Leistungsabstimmung vorgenommen. Die Möglichkeiten und Probleme des Kapazitätsausgleichs, die sich durch unterschiedliche Zuordnungen von Produkten auf mehrere Teilsysteme ergeben, bleiben jedoch genauso unberücksichtigt wie die Auswirkungen auf die Arbeitsinhaltsbildung und die Materialbereitstellung durch das bei den Montagevorgängen benötigte Material und die Betriebsmittel.

Insgesamt ist festzustellen, daß bei keinem der analysierten Verfahren die Verknüpfung von mengen- und ablauforientierten Daten zur Kapazitätsplanung bis zu einer Planungstiefe vorgenommen wird, bei der Unterschiede auf der Ebene der Arbeitsstationen berücksichtigt werden können.

2.5 Aufgabenstellung

Die Analyse der vorhandenen Vorgehensweisen und Verfahren verdeutlicht, daß es zur Kapazitätsplanung und den dazu formulierten Anforderungen keine ganzheitliche Lösung gibt. Einige dieser Verfahren sind zugeschnitten auf den gesamten Planungsprozeß und geben Hinweise zu dessen Systematisierung. Diese manuell anwendbaren Vorgehensweisen sind als Planungsleitfäden zu verstehen. Sie liefern keine Erkenntnisse über das Verhalten eines Montagesystems unter sich ändernden Randbedingungen beim Systembetrieb.

Die Verfahren zur Kapazitätsteilung berücksichtigen keine ablaufbezogenen Daten oder beziehen lediglich ein repräsentatives Produkt ein. Damit ist es nicht möglich, für alle Produkte eine Zuordnung der Montagetätigkeiten zu den einzelnen Arbeitsstationen vorzunehmen. Insgesamt fehlen Hinweise zur Aufteilung des Kapazitätsangebots in mehrere Teilsysteme. Insbesondere bei einem typen- und variantenreichen Erzeugnisprogramm benötigt der Planer jedoch Informationen darüber, welche Produkttypen auf einem Teilsystem zusammengefaßt und wie die Montageabläufe unterschiedlicher Typen auf den einzelnen Stationen kombiniert werden können.

Die untersuchten Verfahren, die ablaufbezogene Daten berücksichtigen, dienen überwiegend der Kapazitätsabstimmung einzelner Montagesysteme bzw. deren Montageabschnitte oder Stationen. Sie sind konzipiert zum Betreiben der Systeme, d.h. sie gehen von einem bestehenden Montagesystem aus. Mit diesen Verfahren ist es daher nicht möglich, die Gestaltungsspielräume sowohl der Mengen- wie auch der Ablaufstrukturen von seiten des Kapazitätsbedarfs <u>und</u> des Kapazitätsangebots zu nutzen und aufeinander abzustimmen.

Ziel dieser Arbeit ist es deshalb, eine gestufte Vorgehensweise zur Kapazitätsplanung zu entwickeln, welche mengen- und ablaufbezogene Daten integriert berücksichtigt; Ziel ist es aber nicht, eine kurzfristige Produktionsprogrammplanung durchzuführen. Die Aufgabenstellung läßt sich wie folgt konkretisieren:

- o Auswahl repräsentativer Maßnahmen zur Gestaltung flexibler Montagesysteme.
- o Abbildung der Struktur eines Montagesystems zur planerischen Umsetzung der ausgewählten Maßnahmen bzw. Maßnahmenausprägungen. Dies beinhaltet die
- o Ermittlung der Systemelemente und deren Abhängigkeiten und die
- o Ermittlung von Einflußgrößen und Randbedingungen, welche auf ein Montagesystem wirken.
- o Erstellung von Hilfsmitteln zum Generieren und Überprüfen bzw. Beurteilen der Planungsalternativen auch unter Veränderung der Randbedingungen.

Das Verfahren soll - wie bereits in Bild 1 dargestellt - in einen übergreifenden Planungsprozeß eingeordnet werden und planungsbegleitend in unterschiedlichen Konkretisierungsstufen einsetzbar sein. Eingriffsmöglichkeiten in den Planungsablauf sollen gegeben sein, um die planerische Kreativität bei der Festlegung der Gestaltungsparameter nutzen zu können. Das bedeutet auch, daß der Planungsablauf in jeder Stufe nachvollziehbar und die Ergebnisse für den Planer interpretierbar sein müssen. Die einzelnen Planungsschritte sollen programmtechnisch realisiert und erprobt werden und allgemein gültige Aussagen aus der Anwendung abgeleitet werden.

Im folgenden Kapitel wird das Verfahren zur mengen- und ablauforientierten Kapazitätsplanung entworfen und die gegenseitigen Abhängigkeiten der beiden Schwerpunkte und die Einbettung des Verfahrens in den Planungsprozeß aufgezeigt.

3 Verfahren zur mengen- und ablauforientierten Kapazitätsplanung

3.1 Eingliederung des Verfahrens in den Planungsprozeß

Der Prozeß zur Planung von Montagesystemen läßt sich in Anlehnung an /10/ in Phasen gliedern, die in Bild 6 wiedergegeben sind.

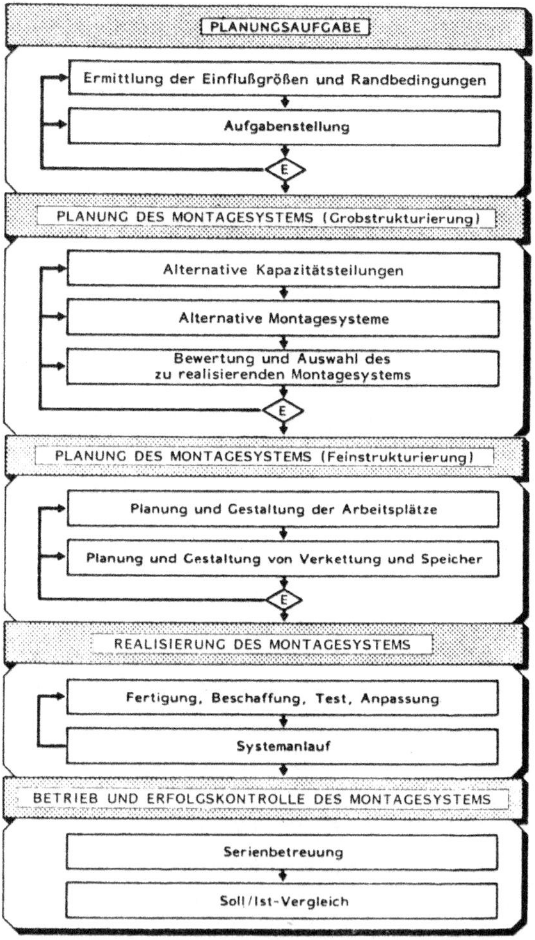

Bild 6: Methodische Vorgehensweise zur Planung eines Montagesystems

Die einzelnen Planungsphasen werden sequentiell bearbeitet. Diese Phasengliederung kommt der Lösung von komplexen Planungsaufgaben entgegen; damit wird die Aufgabenstellung in einzelne Teilaufgaben zerlegt, die nach Bild 6 jeweils getrennt bearbeitet werden können.

Der dargestellte Planungsablauf ist jedoch nicht als starr vorgegebenes Schema anzusehen, sondern ist vielmehr als iterativer Prozeß zu verstehen, bei dem einzelne Phasen zum Teil mehrfach durchlaufen werden müssen.

In der ersten Phase kommt es darauf an - im Sinne einer ganzheitlichen Betrachtung des Montagesystems - die für die Planung erforderlichen Informationen aufzubereiten und zu strukturieren. Darauf aufbauend ist es möglich, die Planungsaufgabe entsprechend Bild 7 abzugrenzen und festzulegen.

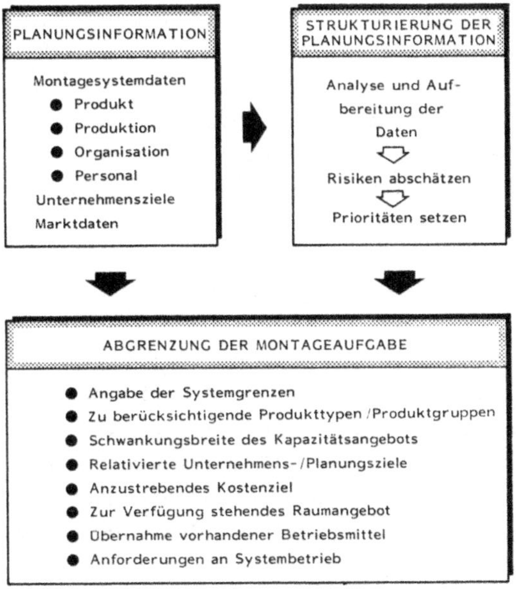

Bild 7: Abgrenzung der Montageaufgabe

Die Planung des Montagesystems läßt sich in zwei Phasen einteilen, die Grobstrukturierung und die Feinstrukturierung.

In der Grobstrukturierung wird das Konzept des zu realisierenden Montagesystems erarbeitet bis hin zur Auswahl und Anordnung der einzelnen Arbeitsstationen. In der Phase der Feinstrukturierung erfolgt die Planung und Gestaltung der Arbeitsplätze und der Arbeitsumgebung /46/. Anschließend wird das System realisiert und in Betrieb genommen. In der Phase des Betriebs wird das Montagesystems hinsichtlich der Erfüllung der im Planungsstadium festgelegten Anforderungen und Zielsetzungen überprüft. Das zu entwickelnde Verfahren zur Kapazitätsplanung ist schwerpunktmäßig der Grobstrukturierung von Montagesystemen zuzuordnen. Die Betonung dieser konzeptionellen Phase ist gerade bei komplexen und innovativen Planungsaufgaben von Bedeutung. In dieser Phase kommt es darauf an, eine repräsentative Auswahl von Lösungen zu entwickeln, deren Konzeptionen auch Extreme hinsichtlich der angestrebten Gestaltungsmaßnahmen bzw. Maßnahmenkombinationen darstellen. So kann am ehesten sichergestellt werden, daß das zu realisierende Montagesystem den Anforderungen gerecht wird. Neben der dazu erforderlichen Kreativität ist es erforderlich, die einzelnen Alternativen planerisch so zu detaillieren, daß die Vor- und Nachteile der Gestaltungsmaßnahmen und deren Zusammenwirken zu beurteilen sind.

3.2 Maßnahmen zur Kapazitätsplanung

Die steigenden Anforderungen an die Flexibilität verdeutlicht eine Analyse, aus der hervorgeht, daß sich bei der Planung von Montagesystemen ca. 55 % der Anforderungen auf die Eigenschaften der Flexibilität beziehen /47/. Aus dieser Analyse lassen sich den zu Bild 5 beschriebenen Anforderungen an die kapazitive und ablauforientierte Flexibilität folgende Kriterien zuordnen:

- Flexibilität bezüglich Stückzahlen,
- Flexibilität bezüglich Produkte, Typen und Varianten,

- Flexibilität bezüglich Störungen und
- Flexibilität bezüglich Liefertermin.

Zur Erfüllung dieser Flexibilitätsanforderungen werden an derselben Stelle /47/ Voraussetzungen formuliert, wie z.B.

- parallele Montagesysteme und Arbeitsplätze,
- technische Überdimensionierung,
- Entkoppelung
- schnell umrüstbare Betriebsmittel
- ähnliche Produkte bzw. Montageabläufe.

Diesen Voraussetzungen zur Nutzung der jeweiligen Flexibilitäten stehen im Planungsstadium entsprechende Gestaltungsmaßnahmen gegenüber. Sieht man von konstruktiven Änderungen an den Produkten ab, so kann die Voraussetzung "ähnliche Produkte bzw. Montageabläufe" in der Planung nur durch die Nutzung der vorhandenen Spielräume in der Montageablaufstruktur genutzt werden.

Die genannten Flexibilitätskriterien betreffen Anforderungen an das Betreiben der Systeme. Zur Ableitung von weiteren Maßnahmen sollen daher auch Anforderungen aus dem Aufgabenfeld der Fertigungssteuerung - als Betreiber des Montagesystems - berücksichtigt werden /48/. In Bild 8 werden dazu schwerpunktmäßig die Aufgaben der kurz- und mittelfristigen Fertigungssteuerung betrachtet und zwar deshalb, weil eine eingeschränkte Erfüllung dieser Aufgaben meist zu unwiederbringlichen Produktivitätsverlusten führt und damit den gestellten Anforderungen an die Flexibilität entgegensteht.

Die in Bild 8 zusammengestellten Maßnahmen führen durch ihre planerische Umsetzung zu den oben geforderten Voraussetzungen zum flexiblen Betreiben eines Montagesystems bzw. sind in Ergänzung dazu zu sehen. So bietet die Maßnahme "Bildung von homogenen Produktgruppen" den Vorteil, daß z.B. Produkte mit gleicher oder ähnlicher Montageablaufstruktur zusammengefaßt werden und damit z.B. Umstellungsaufwand vermieden wird.

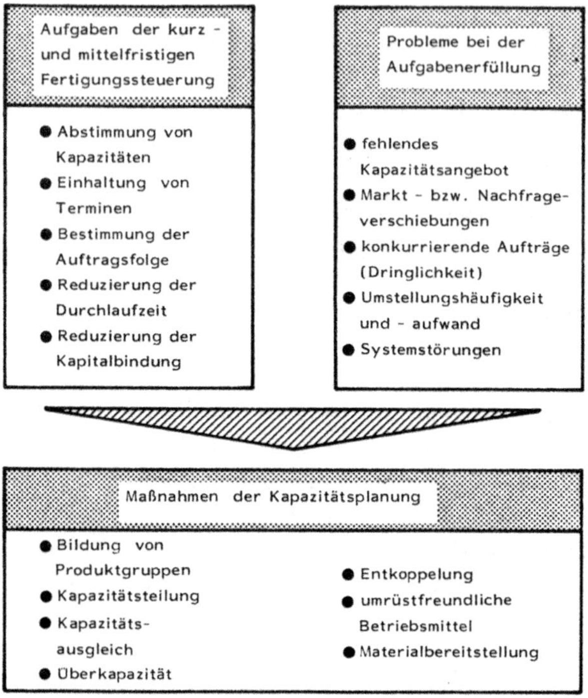

Bild 8: Maßnahmen der Kapazitätsplanung

Diese Maßnahme dient als Vorstufe zur Aufteilung der Kapazität auf verschiedene Teilsysteme. Diese Kapazitätsteilung auf Systemebene führt dazu, daß einzelne Produktgruppen bestimmten Teilsystemen zugeordnet werden. Durch diese definierte Zuordnung wird die Umrüsthäufigkeit reduziert. Darüber hinaus werden eventuell auftretende Störungen und ihre Auswirkungen auf bestimmte Teilsysteme beschränkt.

Maßnahmen zum Kapazitätsausgleich sowie die Schaffung von Überkapazität erleichtern die Kapazitätsabstimmung innerhalb und zwischen einzelnen Teilsystemen wie auch die Änderung der Auftragsfolge.

Der Kapazitätsausgleich wird zwischen zwei Teilsystemen festgelegt. Der zum Ausgleich erforderliche Kapazitätsbedarf wird bestimmt durch die Nachfrageschwankungen der den Teilsystemen zugeordneten Produktgruppen.

Die Überkapazität dient der Abdeckung von Bedarfsspitzen innerhalb eines Teilsystems; die erforderliche Ausprägung dieser Maßnahme hängt ebenfalls von der Schwankungsbreite des Kapazitätsbedarfs ab.

Die Entkoppelung der Arbeitsstationen und Arbeitsabschnitte bewirkt, daß Störungsauswirkungen vermindert werden. Die Gestaltung von umrüstfreundlichen Betriebsmitteln reduziert die Ausfallzeiten der Montagesysteme; die gleiche Wirkung wird auch durch die Planung der Materialbereitstellung erreicht.

Unabhängig von der Auslegung des Gesamtsystems, sind Entkoppelung und umrüstfreundliche Betriebsmittel in jedem Montagesystem zu realisieren; sie sollen im weiteren als Maßnahmen nicht berücksichtigt werden. Die Materialbereitstellung wird als Randbedingung insofern mitbetrachtet, als zuviel Material bei der Zuordnung von Tätigkeiten zu Arbeitsstationen zu räumlichen Problemen durch sogenannte "Teileburgen" führen kann. Im weiteren werden daher schwerpunktmäßig noch die Maßnahmen

- Kapazitätsteilung,
- Kapazitätsausgleich und
- Überkapazität

betrachtet. Mit der Umsetzung dieser Maßnahmen beim Planen und Realisieren von Montagesystemen soll das Erfüllen der in Bild 8 angesprochenen Ziele der Fertigungssteuerung beim Betreiben des Systems erleichtert werden.

3.3 Entwurf des Planungsverfahrens

Das Verfahren ist geprägt durch zwei Schwerpunkte, die mengen- und die ablauforientierte Kapazitätsplanung. Im Rahmen dieses Vorgehens werden die zuvor beschriebenen Maßnahmen planerisch umgesetzt.

Im Rahmen der mengenorientierten Kapazitätsplanung werden die Teilsysteme eines Montagesystems - die Kapazitätsteilung - und deren kapazitive Verknüpfung festgelegt unter Einbeziehung von Kapazitätsausgleich und Überkapazität. In der ablauforientierten Kapazitätsplanung werden für die einzelnen Teilsysteme die Art und Anzahl der Stationen sowie deren kapazitive Verknüpfungen bestimmt. In jeder Stufe werden mehrere Alternativen betrachtet.

Der Einstieg in die mengenorientierte Kapazitätsplanung beginnt, wie aus Bild 9 hervorgeht, mit der Strukturierung des Kapazitätsbedarfs durch die Ermittlung von Produktgruppen, die einzelnen Teilsystemen zugeordnet werden können. Die alternativen Kapazitätsteilungen ergeben sich durch die Möglichkeiten, das Erzeugnisprogramm in unterschiedliche Produktgruppen zusammenzufassen. Insbesondere bei einem heterogen zusammengesetzten Erzeugnisprogramm besteht die planerische Aufgabe, das erforderliche Kapazitätsangebot gegebenenfalls in mehrere Teilsysteme aufzugliedern mit dem Ziel, Produkte zusammenzufassen, die hinsichtlich ihrer produkt- und produktionsspezifischen Merkmale ähnlich sind. Die Anwendung der Clusteranalyse /49/ hat bei der Lösung dieser Aufgabe gute Ergebnisse geliefert /50/.

Folgende Klassen von Produkten sind zu unterscheiden:

- Basisprodukte
  Sie eignen sich aufgrund der Homogenität ihrer Eigenschaften für eine feste Zuordnung auf ein bestimmtes Teilsystem.

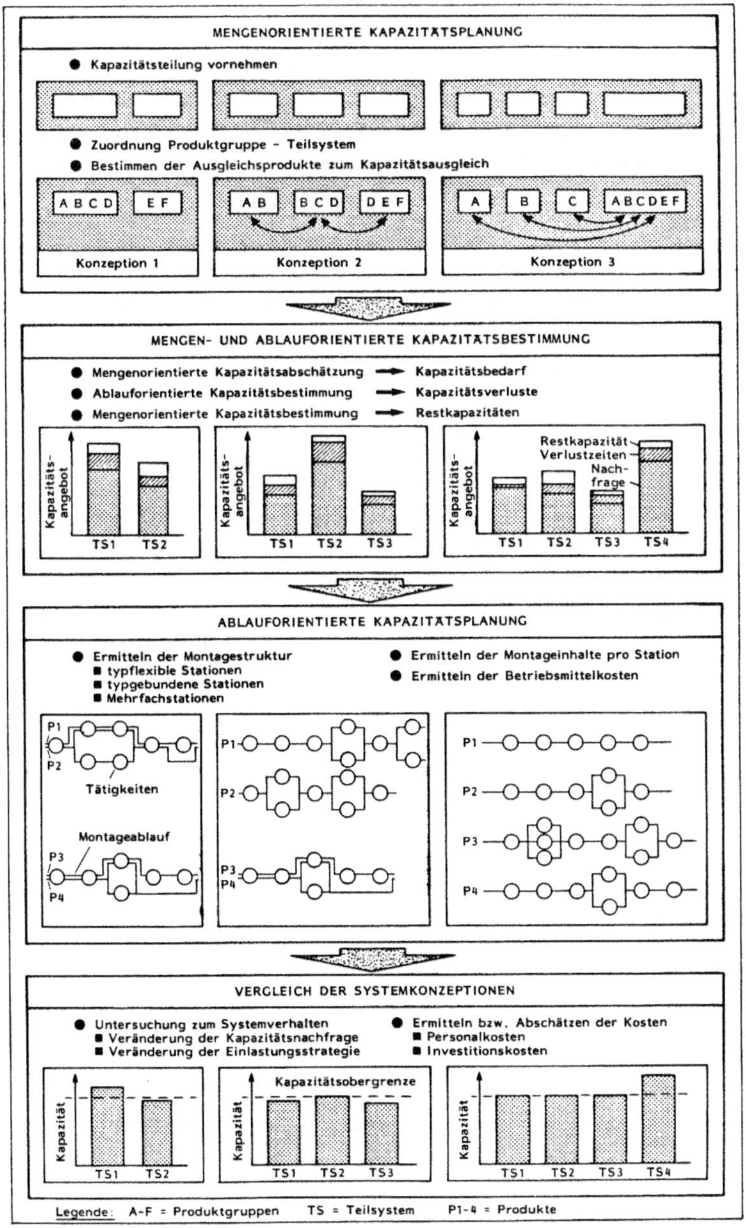

Bild 9: Vorgehen zur Kapazitätsplanung

o *Ausgleichsprodukte*
Diese Produkte passen etwa gleich gut zu mehreren Produktgruppen bzw. Teilsystemen. Trotzdem stören sie kaum die Homogenität der jeweiligen Gruppe. Im Rahmen dieser Arbeit soll ein Ausgleichsprodukt genau zwei Teilsystemen zugeordnet werden können.

o *Sonderprodukte*
Diese Produkte lassen sich schwer einer Produktgruppe zuteilen. Das Erkennen solcher Produkte ist jedoch wichtig für die Planung von Montagesystemen; deren Zuordnung zu einem System stellt besondere Anforderungen an dessen Auslegung und Steuerung.

Das Verfahren zur *mengenorientierten Kapazitätsplanung* wird in Kapitel 4 dargestellt. Die in Kapitel 5 beschriebene *ablauforientierte Kapazitätsplanung* basiert auf der Montageablaufstruktur der einzelnen Produkte und den dort erkennbaren Spielräumen seitens des Produktaufbaus. Ziel dieses Planungsschrittes ist die Zuordnung der Tätigkeiten zu einzelnen Arbeitsstationen, wobei Stationen gebildet werden, die von allen Produkten (typflexible Stationen) durchlaufen oder nur von bestimmten Produkten (typgebundene Stationen) belegt werden.

Eine Randbedingung bei der Zuordnung von Tätigkeiten ist z.B., daß gleiche Tätigkeiten der einzelnen Produkte an gleichen Stationen zusammengefaßt werden, mit dem Hintergrund, daß die einzelnen Vorrichtungen und Betriebsmittel für alle Produkte möglichst gemeinsam genutzt werden.

Die Zuordnung der Tätigkeiten erfolgt z.B. auch unter der Randbedingung, daß der Platzbedarf für das erforderliche Material an den einzelnen Stationen begrenzt ist. Diese Einschränkung ist insbesondere bei großvolumigen Produkten von Bedeutung.

Auf der Basis dieser Ergebnisse lassen sich für die Stationen bzw. Montageabschnitte die Kosten für Löhne und Betriebsmittel errechnen.

Die Anwendung der beiden Verfahren erfolgt iterativ, d.h. die Ergebnisse der mengenorientierten Kapazitätsplanung auf der Ebene der Teilsysteme wird durch die ablauforientierte auf Stationsebene konkretisiert.

So kann durch die Zuordnung der Tätigkeiten zu Arbeitsstationen die Auslegung eines Teilsystems soweit detailliert werden, daß überprüft werden kann, ob das vorgesehene Kapazitätsangebot auch unter Berücksichtigung von Verlustzeiten ausreicht bzw. in welchem Umfang das Kapazitätsangebot insgesamt genutzt werden kann, wenn auch Auslastungsunterschiede aufgrund von Nachfrageschwankungen berücksichtigt werden. Die in den Planungsperioden nicht genutzte Kapazität wird als Restkapazität ausgewiesen.

Zum Vergleich der unterschiedlichen Systemkonzeptionen in den einzelnen Planungsstufen ist ein Verfahren zur Wirtschaftlichkeitsrechnung in das Vorgehen integriert /51/. Damit lassen sich die Montagesysteme hinsichtlich ihrer Montagekosten vergleichen. Neben der kostenmäßigen Beurteilung der Lösungen kann durch die statistische Auswertung der mengen- und ablauforientierten Ergebnisse verdeutlicht werden, wie gut die zu vergleichenden Montagesysteme die Anforderungen der Flexibilität z.B. hinsichtlich der Stückzahl erfüllen.

Mit dem integrierten Aufbau des Verfahrens wird dem Bedarf aus der betrieblichen Praxis entsprochen /52/. Die iterative Anwendung der Verfahren wird anhand eines Beispiels in Kapitel 6 erläutert.

4 Verfahren zur mengenorientierten Kapazitätsplanung

4.1 Auswahl der Methode

Im Rahmen der mengenorientierten Kapazitätsplanung werden die Teilsysteme einer Montage und deren Verknüpfung festgelegt. Zur Lösung dieser Aufgabe sollen die Improvisation, der mathematisch-statistische Ansatz und die Simulation angesprochen werden.

Die Improvisation ist als Methode zur Erzielung von nachvollziehbaren und vergleichbaren Ergebnissen nicht geeignet. Sie läuft ohne eindeutige Regeln, zufallsgesteuert und auf unvollständiger Datenbasis ab. Das Ergebnis ist in starkem Maße abhängig von der Erfahrung und Risikobereitschaft des Planers.

Die Wahrscheinlichkeitsrechnung als eine mathematisch-statistische Methode liefert z.B. den Hinweis, mit welcher Wahrscheinlichkeit Kapazitätsangebot und -nachfrage abgeglichen werden können. Erwartungswerte und Varianzen des Kapazitätsbedarfs der Produkte stellen die Bestimmungsgrößen zur Berechnung des Kapazitätsangebots dar.

Größen mit dynamischem Verhalten können im mathematischen Modell zwar berücksichtigt werden; die Ergebnisse eines wahrscheinlichkeitstheoretischen Ansatzes haben jedoch statischen Charakter. So können z.B. Aussagen gemacht werden, wie das Kapazitätsangebot zu dimensionieren ist und welche Überkapazität für bestimmte Auftragsverläufe durchschnittlich vorhanden ist; Ergebnisse über das dynamische Verhalten des Montagesystems unter sich ändernden Randbedingungen liefert dieser Ansatz jedoch nicht. Ein mathematisch-statistischer Ansatz erscheint auch deshalb nicht geeignet, da der Berücksichtigung von Einflußgrößen und Randbedingungen aufgrund der zunehmenden Komplexität des mathematischen Modells - und damit verbunden die Schwierigkeiten bei der Interpretation der Ergebnisse durch den Planer - enge Grenzen gesetzt sind.

Die Simulation wird als zielgerichtetes Experimentieren an Modellen, die der Wirklichkeit nachgebildet sind, bezeichnet. In dem Modell wird die Struktur eines realen Systems und auch dessen Verhalten nachgebildet bzw. nachgeahmt. Ziel dabei ist, festzustellen, wie sich das wirkliche oder gedachte System bei Veränderungen entweder seiner Struktur oder seiner Umgebung verhält /53/. Im Rahmen der Simulation können also sowohl die systembeeinflussenden Größen wie auch das System selbst verändert und in ihrem Verhalten überprüft werden.

Die Simulation ist daher besonders geeignet, bereits in der Phase der Planung, das Betreiben von Systemen zu berücksichtigen. Die Veränderung der Systemparameter ist bei der Simulation ohne großen Aufwand möglich. In Verbindung mit einer benutzerfreundlichen Aufbereitung der Ergebnisse wird damit das Generieren und Beurteilen von Lösungsmöglichkeiten erleichtert /54/.

4.2 Modellbildung

4.2.1 Aufbau des Modells

Die Montage als reales System stellt eine Quelle von Daten dar /55/. Aus dieser Datenmenge sind - orientiert am Problem bzw. an dessen Lösungsansatz als gedanklich vorhandenem Grundmodell - die relevanten Größen zur Modellbildung auszuwählen. Relevant ist dabei jede dynamische Struktur, die vermutlich mit Abläufen im Realsystem in Verbindung gebracht werden kann /56/. Dies sind bezogen auf die Problemstellung der mengenorientierten Kapazitätsplanung die in Bild 10 dargestellten

- o Elemente eines Montagesystems und die
- o Einflußgrößen und Randbedingungen

zu dessen Konzeption und Betreiben.

Das Montagesystem, bestehend aus Elementen und deren Verknüpfung, ist in Kapitel 2.2 dargestellt worden. Das Modell

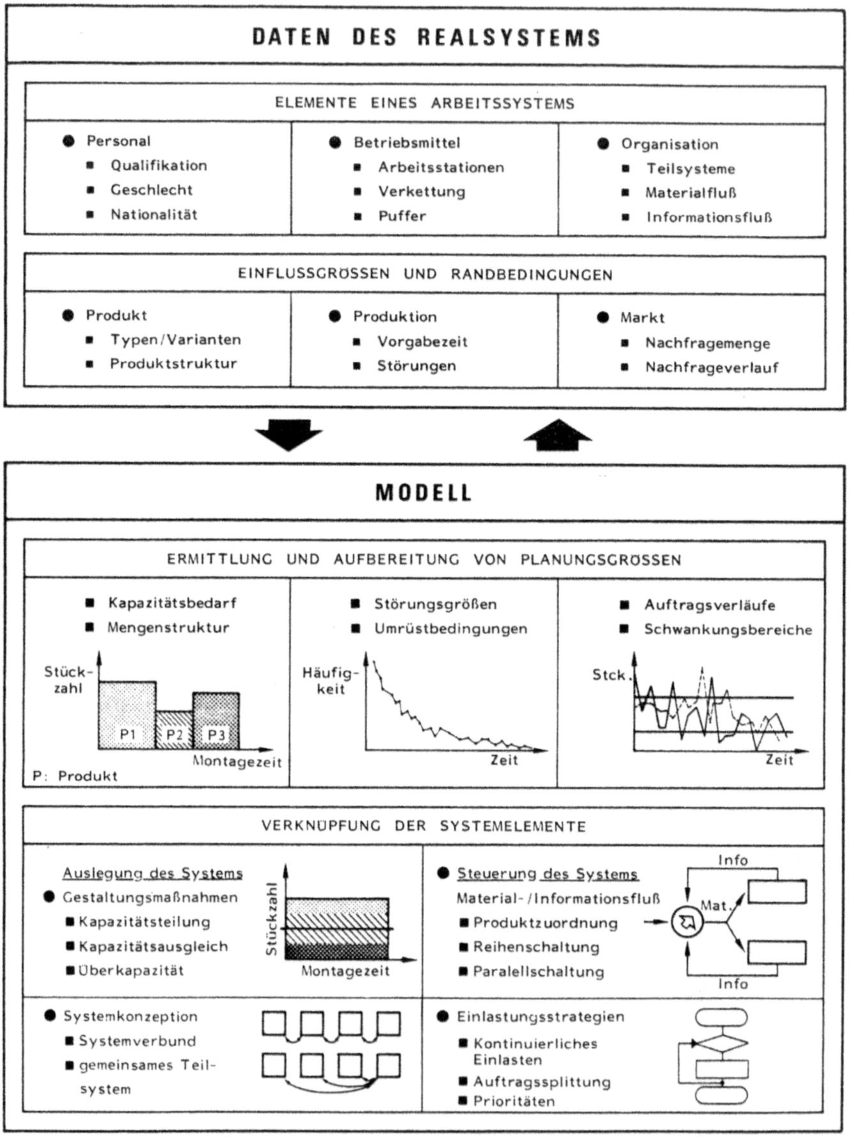

Bild 10: Modell zur mengenorientierten Kapazitätsplanung

als formales System, das die problemrelevanten Merkmale des Montagesystems abbildet, wird im folgenden beschrieben. Die Ermittlung und Aufbereitung der Planungsgrößen ist Bestandteil des Modells; diese Planungsgrößen wie z.B. Kapazitätsbedarf, Störgrößen und Auftragsverläufe werden zur Überprüfung des Systemverhaltens in den einzelnen Simulationsläufen verändert.

Weiter beinhaltet das Modell die Gestaltung sowie die kapazitive und organisatorische Verknüpfung der Systemelemente durch Maßnahmen zur Auslegung und Steuerung eines Montagesystems unter gegebenen Randbedingungen.

Neben den bereits beschriebenen Gestaltungsmaßnahmen werden ausgewählte Konzepte zur Verknüpfung von Teilsystemen betrachtet. Diese Maßnahmen zur Auslegung eines Montagesystems werden kombiniert mit solchen zu dessen Steuerung, um das Verhalten beim Betreiben eines Systems zu überprüfen. Dazu werden neben dem Material- und Informationsfluß auch unterschiedliche Strategien zur Einlastung von Aufträgen berücksichtigt.

Ziel bei der Modellbildung ist es, die Freiheitsgrade seitens des Kapazitätsbedarfs und -angebots zur Systemgestaltung zu nutzen. Die Umsetzung des Modells in ein EDV-Programm schafft dann die Ausgangssituation für die Simulation des Systemverhaltens.

4.2.2 Strukturierung der Planungsgrößen

Ausgangspunkt der Planung ist die Bildung der Planungsgrundlagen. Dies beinhaltet im wesentlichen die Ermittlung der in Bild 11 aufgezeigten Kapazitätsgrößen.

Im Planungsstadium ist - wie erwähnt - der Kapazitätsbedarf die das Kapazitätsangebot bestimmende Größe. Der Kapazitätsbedarf wird ermittelt aus der Nachfragemenge der einzelnen Produkte und deren Nachfrageschwankungen. Zur Erfüllung der Nachfrage ist jedoch ein zusätzlicher Kapazitätsanteil erforderlich, der zur Abdeckung von Kapazitätsverlusten im Montageprozeß dient.

Die Kapazitätsverluste beinhalten planbare Anteile wie z.B. das Umrüsten und die später noch zu beschreibenden Ausgleichsverluste sowie nicht planbare Anteile wie z.B. Störungen. Diese Anteile reduzieren das verfügbare Kapazitätsangebot.

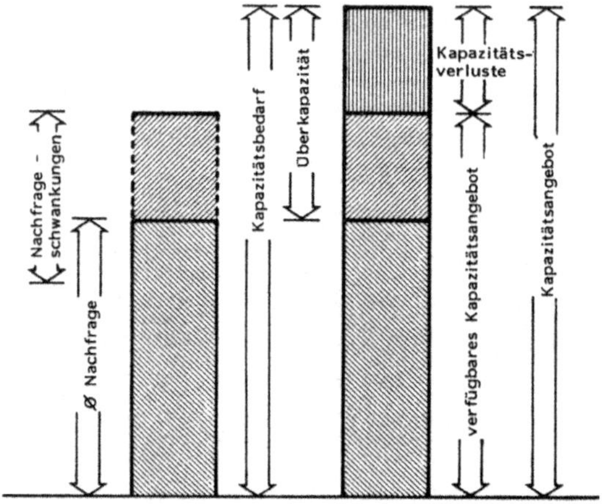

Bild 11: Zusammenhang zwischen einzelnen Kapzitätsgrößen

Der Bedarf an Kapazität, welcher die durchschnittliche Nachfrage übersteigt, wird als Überkapazität bezeichnet. Diese dient also sowohl zum Auffangen von Nachfrageschwankungen als auch zum Abdecken von Kapazitätsverlusten.

Zur Ermittlung und Aufbereitung dieser Planungsgrößen können Echtdaten wie z.B. reale Auftragsreihen oder vorsimulierte Daten wie z.B. Störprofile verwendet werden. Hier wird der Vorteil der Simulation genutzt, die Einflußgrößen und Randbedingungen beliebig verändern zu können und somit verschiedene Produktionsbedingungen zu schaffen.

Die Strukturierung der Planungsgrößen beinhaltet auch das Herausarbeiten von Produktgruppen als Vorstufe zur Kapazitätsteilung. Ziel dieses Schrittes ist es, Produkte zusammenzufassen, die hinsichtlich ihrer produkt- und produktionsspezifischen Merkmale möglichst ähnlich sind.

4.2.3 Auswahl von Konzeptionen zur Verknüpfung von Teilsystemen

Ausgehend von der Klassifizierung der Produkte und deren Zusammenfassung zu Produktgruppen unter Berücksichtigung der im Bild 10 dargestellten Gestaltungsmaßnahmen ist eine Vielzahl unterschiedlicher Konzeptionen von Montagesystemen möglich.

Überkapazität läßt sich im allgemeinen in jeder Systemkonzeption realisieren. Die Aufgabe besteht darin, zu entscheiden, bei welchem Teilsystem und in welcher Ausprägung Überkapazität vorzusehen ist.

Die Anforderungen an zu berücksichtigende Montagesystemkonzeptionen resultieren daher aus der Umsetzung der Maßnahmen "Kapazitätsteilung" und "Kapazitätsausgleich". Zur Aufteilung der Kapazität in einzelne, kapazitätsmäßig auch unterschiedliche Teilsysteme gibt die Gruppierung der Produkte Hinweise.

Die Möglichkeit zum Kapazitätsausgleich zwischen Teilsystemen und damit zur Nutzung der installierten Kapazität des Gesamtsystems wird bestimmt durch Auslastungsschwankungen, die durch betriebsinterne und -externe Einflußfaktoren verursacht sind und deren Ausprägung und zeitliches Eintreffen mit Unsicherheit behaftet sind.

Im Modell sind zwei Systemkonzeptionen ausgewählt worden. Die beiden Konzeptionen und deren Kombination - wie in Bild 12 dargestellt - sind gekennzeichnet durch unterschiedliche Möglichkeiten der Zuteilung von Kapaziätsbedarf auf einzelne Teilsysteme bzw. des Kapazitätsausgleichs. Diese Möglichkeiten können durch entsprechende Strategien der Steuerung genutzt

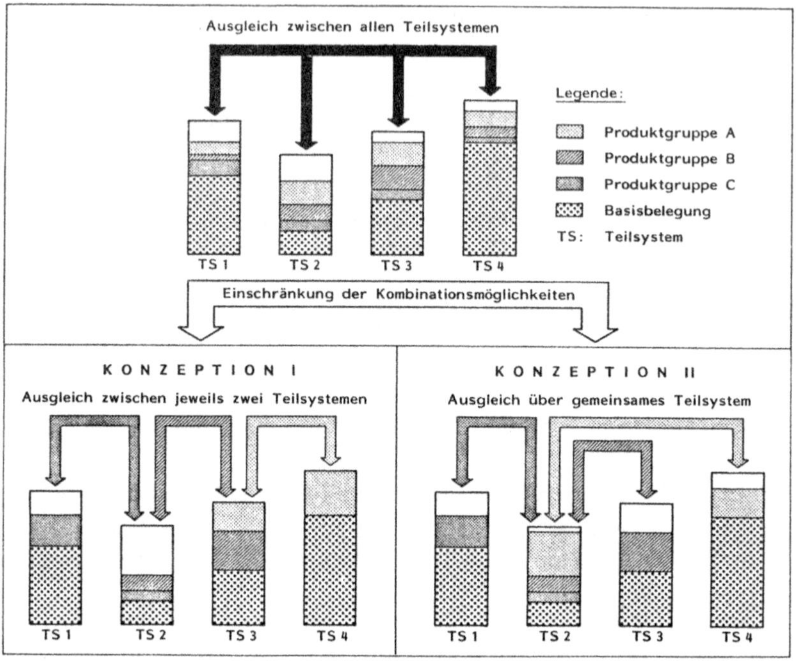

Bild 12: Konzeptionen zum Kapazitätsausgleich in einem Montagesystem

werden.
Die Konzeption I ist geprägt durch die Verknüpfung von jeweils zwei Teilsystemen, wobei dem einzelnen bestimmte Basisprodukte fest und jeweils zwei Teilsystemen Ausgleichsprodukte entsprechend der Auslastungssituation zugeordnet werden.

Bei Konzeption II erfolgt der Kapazitätsausgleich über ein gemeinsames Teilsystem, das also für alle Ausgleichsprodukte der verbundenen Systeme ausgelegt ist. Dieses gemeinsame Teilsystem hat daher hohe Anforderungen hinsichtlich der technischen, kapazitiven und ablauforientierten Flexibilität zu erfüllen.

Durch die Möglichkeit der Kombination der beiden Konzeptionen bietet sich ein breites Spektrum von Lösungsalternativen zum

Kapazitätsaugleich zwischen Teilsystemen. So läßt sich z.B. ein Teilsystem isoliert betrachten, wie auch mit mehreren anderen kombinieren.

4.2.4 Struktur des Material- und Informationsflusses

Die Struktur des Material- und Informationsflusses gibt die Möglichkeiten zur technischen und organisatorischen Verbindung der Teilsysteme wieder.

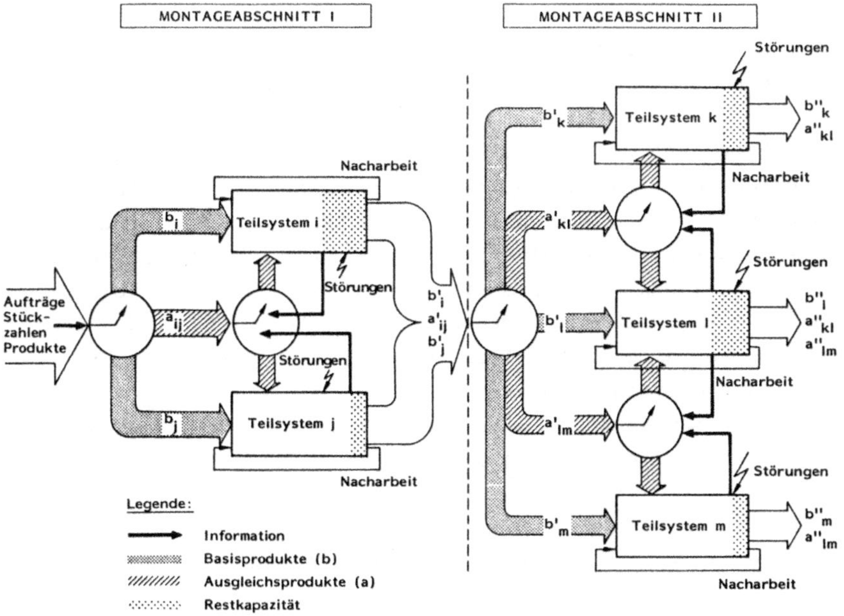

Bild 13: Struktur des Material- und Informationsflusses

Die einzelnen Teilsysteme können, wie in Bild 13 dargestellt, parallel und in Reihe geschaltet werden; die in Reihe geschalteten repräsentieren unterschiedliche Montageabschnitte.

Die Zuordnungsmöglichkeit der Produkte zu den einzelnen Teilsystemen wird entsprechend den Ergebnissen von z.B. der Clusteranalyse und der Klassifizierung der Produkte in Basisprodukte (b) und Ausgleichsprodukte (a) vorgenommen. Die Sonderprodukte müssen - abhängig von der jeweiligen Planungssituation - einer der beiden Klassen zugeteilt werden. Unterstützung bietet dabei die ablauforientierte Kapazitätsplanung.

Der Materialfluß beschreibt den Weg der Produkte von Ankunft bis zum Verlassen des Montagesystems. Vor den einzelnen Teilsystemen wird der Materialfluß in zwei hintereinander geschalteten Knoten aufgelöst. Den ersten Knoten durchlaufen alle Produkte; hier werden die Basisprodukte dem jeweils definierten Teilsystem zugeführt. Im nachgeschalteten Knoten werden die Ausgleichsprodukte den zur Disposition stehenden Teilsystemen deren Auslastungssituationen entsprechend zugeordnet.

Der Materialfluß kann nach bestimmten Abschnitten fiktiv zusammengeführt und die Aufteilung nach dem gleichen Ablauf erneut vorgenommen werden. Dieses Vorgehen hat den Vorteil, daß die Produkte in einzelnen Montageabschnitten entsprechend ihrer Ähnlichkeit unterschiedlich gruppiert werden können und daß ein Angleichen mit den bei vielen Firmen im Produktionsprozeß vorhandenen "Zählpunkten" zur Fertigungsfortschrittsüberwachung vorgenommen werden kann. Bei m parallel geschalteten Teilsystemen in einem Abschnitt werden m-1 Knoten für die Zuteilung der Ausgleichsprodukte erforderlich, da eine ringförmige Verknüpfung der Systeme nicht zugelassen ist, d.h. - auf das Beispiel in Bild 13 bezogen - zwischen Teilsystem k und Teilsystem m findet kein direkter Kapazitätsausgleich statt.

Die Montageabschnitte I und II sind von der Architektur her gekoppelte Modelle. Jeder Eingangsgröße eines Modells steht - außer den mit dem Umfeld korrespondierenden Verbindungen - eine Ausgangsgröße eines gekoppelten Modells gegenüber.

Als kapazitätsbeeinflussende Größe wird auch die Nacharbeit in den Materialfluß einbezogen. Hier wird idealisiert vereinbart, daß die in einem Teilsystem verursachte Nacharbeit aus Gründen der Qualitätsverantwortung auch in diesem behoben wird; somit tritt keine Vernetzung mit anderen Systemen auf.

Zur Steuerung der Auslastung der einzelnen Teilsysteme bzw. der Kapazitätsabstimmung wird der dazu erforderliche Informationsfluß in einem Materialflußknoten analysiert. Im Gegensatz zu dem Verteilerknoten für alle Produkte, wo lediglich die Identifizierung der Produkte und die Zuteilung der Basisprodukte vorgenommen wird, ist in den Folgeknoten eine Entscheidung in Abhängigkeit von der im Einzelfall unterschiedlichen Auslastungssituation der Teilsysteme zu treffen, d.h. in Abhängigkeit von der "Restkapazität", die jeweils nach Zuteilen einzelner Aufträge zur weiteren Disposition verbleibt (vgl. Bild 14).

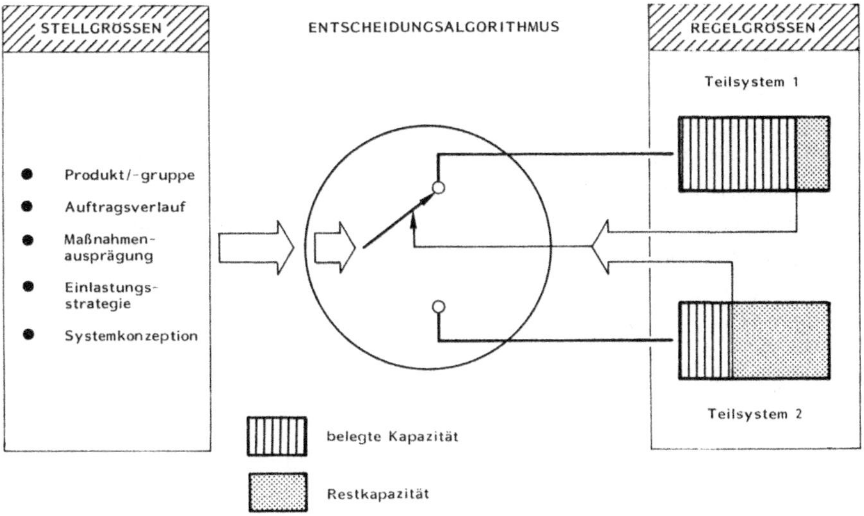

<u>Bild 14:</u> Informationsstruktur in einem Materialflußknoten

Die Auslastung der einzelnen Teilsysteme ist neben der jeweiligen Systemkonzeption und Maßnahmenausprägung abhängig von Auftrags- und Produktdaten sowie den Strategien der Steuerung.

So können z.B. systemseitig Auslastungsprioritäten vergeben werden.

Ein Teil der Daten unterliegt zeitlichen Schwankungen. Die Zuweisung des Ausgleichsproduktes gilt demnach jeweils nur für einen bestimmten Zeitabschnitt und muß für jeden Zeitabschnitt neu bestimmt werden.

4.2.5 Strategien zur Kapazitätseinlastung

Im weiteren sollen Ziele der Fertigungssteuerung umgesetzt werden, um bereits im Stadium der Planung von Montagesystemen die Anforderungen zu dessen Betreiben zu berücksichtigen. Das bedeutet, daß das ermittelte verfügbare Kapazitätsangebot mit Aufträgen belastet wird, mit dem Ziel, einen Kapazitätsausgleich zwischen einem Verbund von Teilsystemen unter bestimmten Markt- und Produktionsbedingungen zu erreichen. Die eingelastete Kapazität ist demnach die Summe aller Auftragszeiten, die einem Montagesystem oder Teilsystem zugeordnet werden. Ziel ist nicht, eine kurzfristige Produktionsprogrammplanung durchzuführen, d.h. die Auftragsreihenfolge wird nicht betrachtet, und die einzelnen einzulastenden Aufträge haben marktseitig gleiche Priorität. Durch das Spektrum an Strategien und deren Kombination mit planerischen Maßnahmen sollen für den späteren Systembetrieb aber Spielräume geschaffen werden zur optimalen Steuerung des Montagesystems /56/.

4.2.5.1 Auswahl der Strategien

Ausgehend von den oben definierten Modellbausteinen und den damit verbundenen Vorgaben wie z.B. die Systemkonzeption sowie ausgehend von den Zielen und Randbedingungen der Fertigungssteuerung sollen Strategien zur Kapazitätseinlastung betrachtet werden.

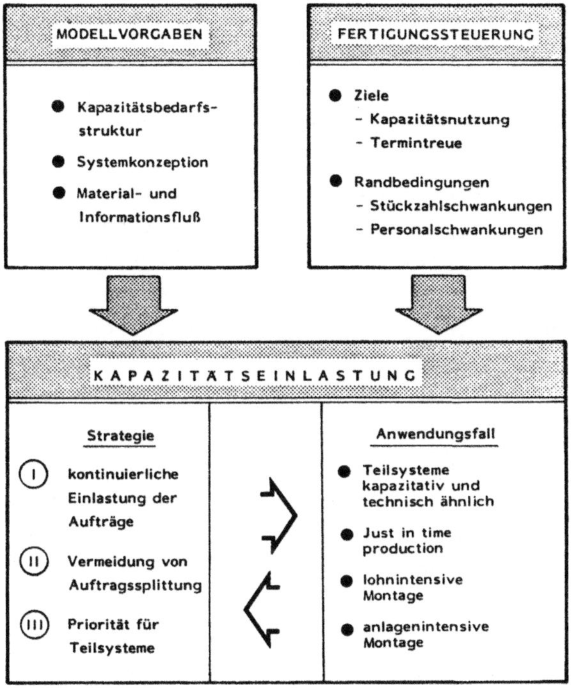

<u>Bild 15:</u> Strategien zur Kapazitätseinlastung

Die in Bild 15 aufgeführten Einlastungsstrategien bzw. deren Kombination ermöglichen im Rahmen der Simulation die Analyse des Systemverhaltens unter bestimmten an der jeweiligen Planungsaufgabe orientierten Randbedingungen, wie z.B. Stückzahlschwankungen. Damit können die notwendigen Freiheitsgrade ermittelt werden, die zur Umsetzung von Optimierungszielen der kurzfristigen Fertigungssteuerung wie Reihenfolgeoptimierung u.ä. erforderlich sind.

Bei der Strategie I "kontinuierliches Einlasten von Aufträgen" werden die einzelnen Aufträge entsprechend ihrem Eingang eingesteuert, d.h. es werden keine Aufträge zusammengefaßt. Diese Strategie kommt der Entwicklung der "Just in Time Production" /57/ entgegen.

Sie setzt ein entsprechend flexibles Umfeld z.B. hinsichtlich Materialbereitstellung voraus und stellt Anforderungen an die Homogenität der auf einem Teilsystem zusammengefaßten Typen bzw. an die Technik und Struktur der Teilsysteme, d.h. Umrüsten sollte weitgehend vermieden werden können.

In Strategie II "Vermeidung von Auftragsplittung" wird die möglichst ganzheitliche Zuordnung eines Auftrages bzw. einer Summe von Aufträgen gleicher Produkte angestrebt. Ihr Einsatz empfiehlt sich bei personal- bzw. lohnintensiver Montage, da im Rahmen dieser Strategie personalbedingte Verlustzeiten wie Rüstzeiten vermieden werden.

Im Gegensatz dazu eignet sich Strategie III zur Erhöhung der anlagenspezifischen Nutzung, z.B. eines automatisierten oder kapitalintensiven Montagesystems. Hier werden einzelne Teilsysteme mit Prioritäten belegt, die z.B. bei Auftragsschwankungen deren Auslastung sichern.

Diese Strategien und deren Kombination decken in Verbindung mit den übrigen Modellbausteinen ein breites Feld der in der betrieblichen Praxis auftretenden Fälle ab.

4.2.5.2 Algorithmierung der Strategien

Zu der Algorithmierung der Strategien ist zu erwähnen, daß sich der Entscheidungsspielraum bei der Einlastung der Aufträge auf die Ausgleichsprodukte beschränkt. Die Zuordnung der Basisprodukte ist durch die mengenorientierte Kapazitätsteilung festgelegt. Die Einlastung der Ausgleichsprodukte wird aufgrund der Auslastungssituation der Teilsysteme mit Basisprodukten vorgenommen. Bei der Zuordnung von Aufträgen ist eine Überlastung des Kapazitätsangebots zulässig.

Diese Situation kann auftreten durch Störungen, die bei einer ersten Berechnung des Kapazitätsangebots nicht berücksichtigt werden, sowie periodenbezogen durch starke Schwankungen des Kapazitätsbedarfs. Solche Verhältnisse geben den planerischen

Hinweis auf eine mögliche Änderung der jeweils gewählten Maßnahmenausprägung und führt bei wiederholter Anwendung des Modells zu einer iterativen Anpassung des Kapazitätsangebots.

Im Rahmen der einfach darzustellenden und durchzuführenden Strategie I wird der Kapazitätsausgleich vorgenommen, in dem der Kapazitätsbedarf der Ausgleichsprodukte den Teilsystemen entsprechend dem in Bild 16 dargestellten Algorithmus zugewiesen wird.

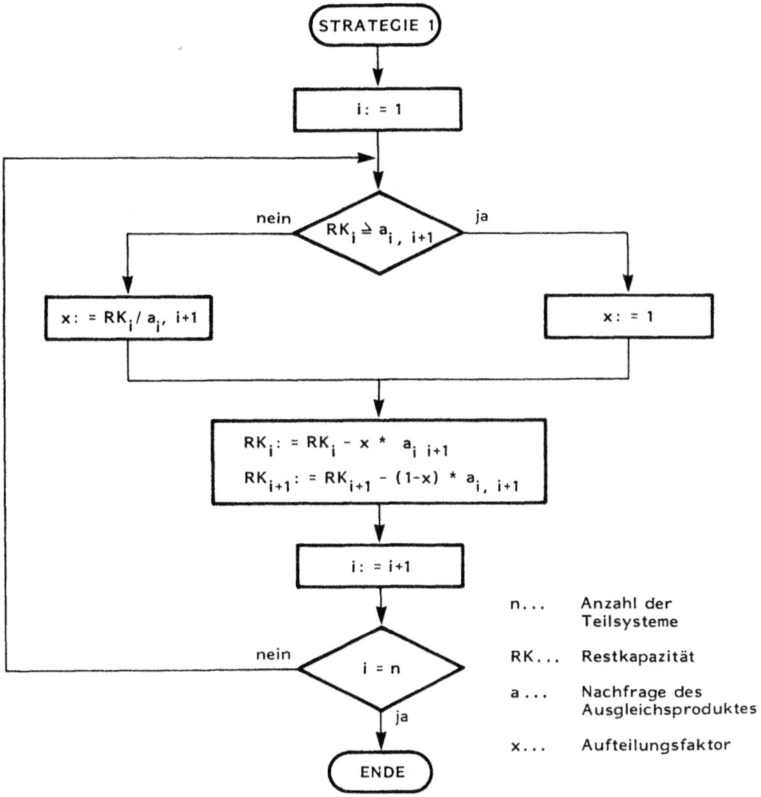

Bild 16: Algorithmus der Strategie I zur Einlastung der Ausgleichsprodukte

Je nach Höhe der Restkapazität (RK_i) - die Berechnung erfolgt in Kapitel 4.3.5 - der einzelnen Teilsysteme wird der Kapazitätsbedarf der Ausgleichsprodukte ($a_{i,\ i+1}$) entweder in vollem Umfang dem Teilsystem i zugewiesen oder auf die Teilsystesme i und i + 1 mit Hilfe eines Splittungsfaktors x aufgeteilt. Die Zuteilung beginnt mit dem niedrigst indizierten Teilsystem.

Dabei wird nach der Regel vorgegangen, daß in den einzelnen Perioden des Planungszeitraumes jeweils der Auftrag mit dem größten, geschlossen zuordenbaren Kapazitätsbedarf zuerst eingelastet wird. Erfüllt also der kapazitiv größte Auftrag diese Voraussetzung nicht, so wird der nächst kleinere berücksichtigt usw. Mit diesem Vorgehen wird erreicht, daß

- Aufträge mit großem Kapazitätsbedarf bevorzugt zugeteilt werden und evtl. durch eine Splittung entstehender Rüstaufwand vermieden wird.
- Aufträge mit geringem Kapazitätsbedarf als "Füllmenge" möglichst lange zurückgehalten werden.

Mit der Strategie II wird angestrebt, alle Aufträge ganzheitlich auf die einzelnen Teilsysteme einzulasten. Diese Strategie ist sinnvoll einsetzbar bei wenig Ausgleichsprodukten mit jeweils großem und in etwa gleichem Kapazitätsbedarf. In diesem Fall bringt die bei Strategie I beschriebene Regel allein keinen Effekt, da die Aufträge in etwa gleichrangig sind.

Den Algorithmus zu Stratgie II zeigt Bild 17. Bei der Anwendung dieser Strategie sind 3 Fälle zu unterscheiden:

1. Freie Restkapazitäten (RK_i) zur ganzheitlichen Zuordnung der Aufträge aller Ausgleichsprodukte ($a_{i,\ i+1}$)
2. Kein Teilsystem hat freie Kapazität für Aufträge der Ausgleichsprodukte. Der zuordenbare Kapazitätsbedarf der Ausgleichsprodukte ($a_{i,\ i+1}$) wird anhand eines Faktors x auf die definierten Teilsysteme aufgeteilt. Bei der Aufteilung der Ausgleichsprodukte für die letzten beiden

Teilsysteme bewirkt ein modifizierter Aufteilungsfaktor, daß diese Teilsysteme gleich ausgelastet werden.

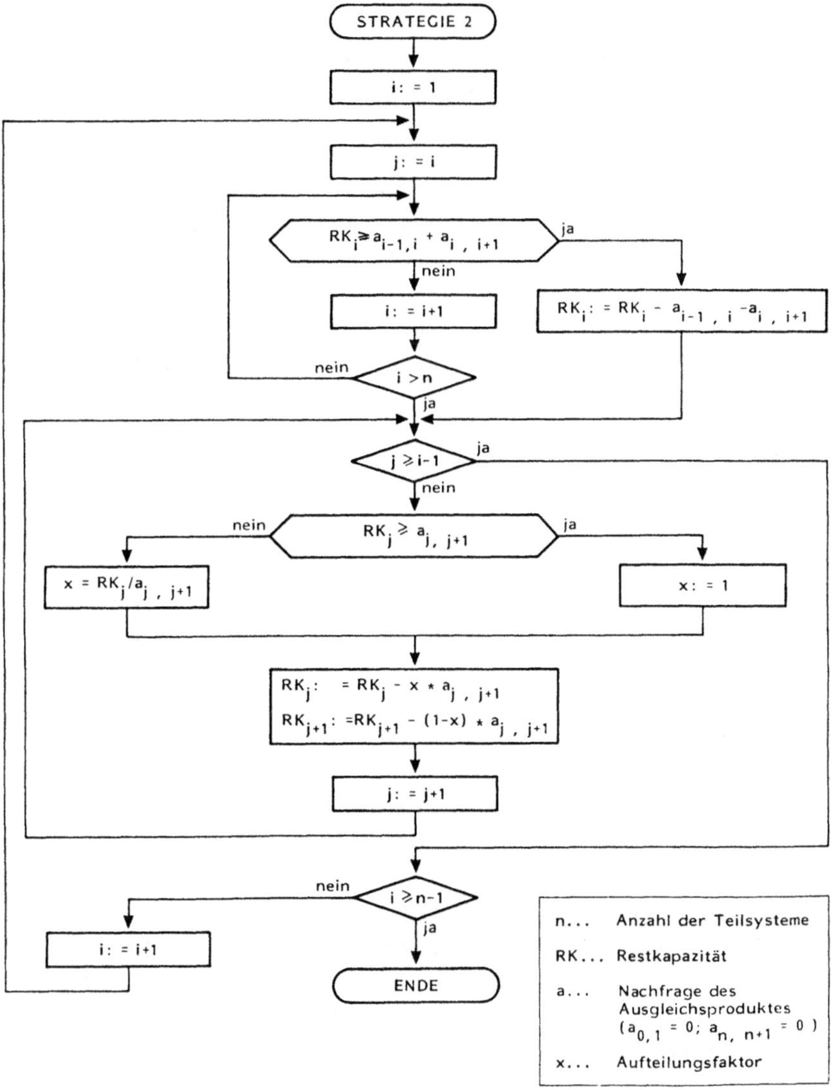

Bild 17: Algorithmus der Strategie II zur Einlastung der Ausgleichsprodukte

3. Einzelne Teilsysteme haben freie Restkapazität für die Aufträge aller jeweils zuzuordnenden Ausgleichsprodukte. Die Zuteilung beginnt jeweils mit dem niedrigst indizierten nicht ausgelasteten Teilsystem. Die so zuteilbaren Aufträge werden eingelastet. Damit wird das Gesamtsystem in isolierte Systembereiche gegliedert, auf die der Algorithmus erneut angewandt wird.

Bei der Strategie III können einzelne Teilsysteme mit einer Prioritätskennziffer belegt werden, welche die Rangfolge ihrer Auslastung festlegt. Die Prioritäten können z.B. aufgrund der entstehenden Montagekosten (Lohn- und Betriebsmittel) pro Zeiteinheit im jeweiligen Teilsystem vergeben werden. Im übrigen werden die Aufträge nach dem gleichen Algorithmus wie bei Strategie II eingelastet.

4.3 Ermittlung der Modellparameter

4.3.1 Variablen und Randbedingungen des Modells

Ziel der Simulation anhand des Modells ist die Bestimmung und Strukturierung des Kapazitätsangebots und dessen Abstimmung mit dem Kapazitätsbedarf. Dazu werden die im Bild 18 aufgezeigten Variablen und Randbedingungen berücksichtigt.

Die Auftragsstückzahl der einzelnen Produkte ist eine Variable des Kapazitätsbedarfs, die entsprechend den Auftragseingängen Schwankungen unterliegt. Der ermittelte Kapazitätsbedarf bezieht sich auf einen bestimmten Zeitabschnitt, der Bezugsbasis für die Eingabedaten und Ergebnisse der Simulationsrechnungen ist. Die Variation dieses Einplanungszeitraumes beeinflußt die Möglichkeiten zum Kapazitätsausgleich. So können z.B. bei einer Verlängerung dieses Zeitraums Bedarfsspitzen durch die Verschiebung von Aufträgen abgebaut werden.

Zur Veränderung des Kapazitätsangebots im Planungsstadium wird als variable Größe die Stationenzahl eingeführt. Die Störungen als zufallsbedingte Größe bewirken eine Reduzierung des Kapazitätsangebots; sie sollen in ihrer Ausprägung im Rahmen der Simulation beeinflußbar sein.

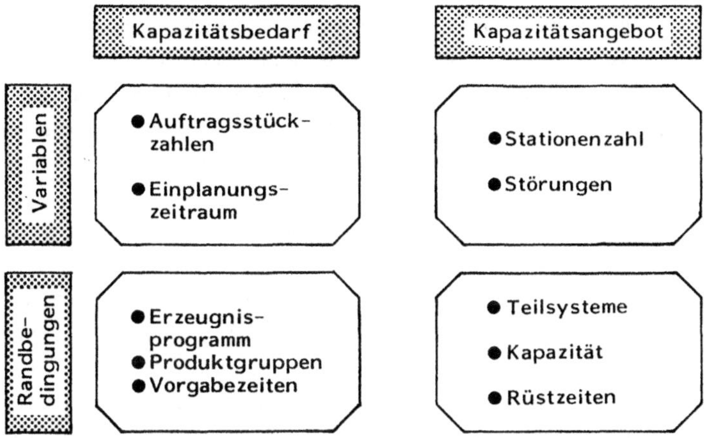

Bild 18: Variablen und Randbedingungen des Modells

Unter den Randbedingungen sind diejenigen Größen zusammengefaßt, die innerhalb eines Simulationslaufes nicht verändert werden; für Folgeläufe können diese Bedingungen jedoch gezielt modifiziert werden. Das Erzeugnisprogramm kann z.B. - entsprechend zukünftiger Erwartungen - um weitere Typen ergänzt werden. Entsprechend dieser Eingriffe können auch bei der Bildung von Produktgruppen und bei den Vorgabezeiten einzelner Typen Veränderungen vorgenommen werden.

Die Simulation liefert als Ergebnis Daten, die das Verhalten eines Montagesystems bei einer bestimmten Konzeption und festgelegtem Kapazitätsangebot wiedergeben. Daher werden bei jedem Simulationslauf die Anzahl der Teilsysteme und deren Kapazitätsangebot fixiert.

Bei den Rüstzeiten wird zwischen Netto- und Bruttorüstzeiten unterschieden. Die Nettorüstzeit beinhaltet die Ausfallzeiten bedingt durch das Umrüsten der Arbeitsstationen. Die Bruttorüstzeit schließt demgegenüber noch die Wartezeiten aufgrund der Abhängigkeiten einzelner Stationen ein.

Die Rüstzeiten lassen sich nur für definierte Systeme bestimmen. Sie liegen daher für einzelne Simulationsläufe fest und die Genauigkeit der Ergebnisse nimmt mit der Konkretisierung der Planung zu. Einige dieser Variablen und Randbedingungen müssen als Voraussetzung zur Planung und Simulation generiert bzw. errechnet werden.

4.3.2 Ermittlung der Auftragsreihen

Zur Ermittlung des Kapazitätsbedarfs werden die Auftragsstückzahlen der einzelnen Produkte und deren zeitlicher Verlauf benötigt. Die Auftragseingänge hängen von einer Vielzahl verschiedener Einflußgrößen ab. Alle Zufallsvariablen, die aus dem Zusammenwirken vieler Einzeleinflüsse resultieren, lassen sich unter Berufung auf den zentralen Grenzwertsatz als normalverteilt annehmen /58/. Liegen keine Daten aus dem Realsystem vor, werden normal verteilte Zufallszahlen erzeugt. Werden reale Daten verwendet, so kann die Hypothese der Normalverteilung durch einen entsprechenden Test (Chi-Quadrat-Anpassungstest /58/) nachgewiesen werden. Der Erwartungswert und die Varianz der Auftragsreihen geben die Möglichkeit, das Nachfrageverhalten der einzelnen Produkte abzubilden und zu beeinflussen.

Normalverteilte Auftragsdaten erhält man dadurch, daß zum Erwartungswert eines Erzeugnisses das Produkt aus [0,1] normalverteilten Zufallszahlen und der Standardabweichung addiert wird. Man erhält also:

$$ST_{j,t} = E\,(P_j) + u \,.\, \sqrt{Var\,(P_j)}$$

$ST_{j,t}$	:	Stückzahl für Produkt j in der Periode t
$E(P_j)$	:	Erwartungswert Produkt j
$Var(P_j)$	:	Varianz von Produkt j
u	:	Normalverteilte Zufallszahl aus [0,1]

Die simulierten Auftragsdaten oder aber Realdaten dienen zur Berechnung der Auftragsstückzahl für die zukünftigen Planungsperioden. Als Hilfsmittel zur Prognose sei auf die üblichen Prognosemethoden hingewiesen /59, 60/. Im vorliegenden Fall wird die exponentielle Glättung angewandt /61/.

4.3.3 Berechnung der Kapazitäten

Der Kapazitätsbedarf (k) einer Produktgruppe wird anhand von realen oder vorsimulierten Auftragsdaten berechnet. Eine Produktgruppe beinhaltet Basisprodukte (b) und Ausgleichsprodukte (a), und deren Kapazitätsbedarf ist durch das Kapazitätsangebot (K) eines Montagesystems bzw. dessen Teilsysteme zu decken.

Für die erste Berechnung des Kapazitätsbedarfs (k) wird eine Schätzung durchgeführt. Damit wird ein Richtwert zur Festlegung des Kapazitätsangebots der Teilsysteme gewonnen.

$$k_i = \sum_{j=1}^{\ell} (E(b_{ij}) + z \cdot \sqrt{Var\ (b_{ij})}\ ) + \alpha \cdot \sum_{j=1}^{m} (E(a_{ij}) + z \cdot \sqrt{Var\ (a_{ij})})$$

k_i	:	Kapazitätsbedarf für Teilsystem i
$E\ (b_{ij})$	:	Erwartungswert des Kapazitätsbedarfs der Basisprodukte
$Var\ (b_{ij})$	:	Varianz des Kapazitätsbedarfs der Basisprodukte
$E\ (a_{ij})$	:	Erwartungswert des Kapazitätsbedarfs der Ausgleichsprodukte
$Var\ (a_{ij})$	:	Varianz des Kapazitätsbedarfs der Ausgleichsprodukte
z	:	Zuschlagsfaktor für Überkapazität
i	:	Systemindex
j	:	Produktindex
l	:	Anzahl Basisprodukte
m	:	Anzahl Ausgleichsprodukte
α	:	Faktor für die Zurechnung von Kapazitätsausgleich zu Teilsystem i.

Wie aus dem oben dargestellten Zusammenhang hervorgeht, wird zur Berechnung des Kapazitätsbedarfs der Erwartungswert als durchschnittliche Nachfragemenge und die Varianz als Ausdruck der Nachfrageschwankungen berücksichtigt. Die Ausgleichsprodukte können anhand eines Faktors α bzw. $1 - \alpha$ jeweils zwei Teilsystemen zugerechnet werden. Das Kapazitätsangebot eines Teilsystems - und dafür steht dessen Stationenzahl (S) - ergibt sich demnach aus.

$$Sth_i = k_i/(Ns \cdot (ts - tp) \cdot \Delta T \cdot LG)$$

Die Ganzzahligkeit der Stationenzahl wird erreicht durch:

$$S_i = INT\,(Sth_i + 0.5)$$

Sth_i	:	Theoretische Stationenzahl von Teilsystem i			
S_i	:	Stationenzahl von Teilsystem i (aufgerundet)			
Ns	:	Schichtzahl			
ts	:	Schichtzeit	ΔT	:	Periodenlänge
tp	:	Pausen	LG	:	Leistungsgrad

Damit läßt sich das Kapazitätsangebot (K) eines Teilsystems für die Periode festlegen.

$$K_i = S_i \cdot Ns \cdot (ts - tp) \cdot \Delta T \cdot LG$$

Auf der Basis dieser Richtwerte, des Kapazitätsangebots bzw. der Stationenzahl, wird der Kapazitätsbedarf bzw. die dahinterstehenden Aufträge anhand einer der zuvor beschriebenen Strategien und unter Berücksichtigung von entstehenden Kapazitätsverlusten auf das Montagesystem eingelastet. In der Regel erfolgt auf der Basis dieser Ergebnisse eine Anpassung des erforderlichen Kapazitätsangebots der einzelnen Teilsysteme.

4.3.4 Berücksichtigung von Störungen

Das Kapazitätsangebot eines Systems wird durch Störungen verringert. Im Planungsstadium interessiert das Ausmaß des Kapazitätsverlustes in Abhängigkeit von bestimmten Systemeigenschaften, wie z.B. in Abhängigkeit von der Größe eines Montagesystems - ausgedrückt durch die Anzahl der Stationen- und der Anzahl Teilsysteme.

Im vorliegenden Fall ist ein System gestört, wenn eine Station gestört ist. Die Wirkung von Puffern zum Ausgleich von Störungen zwischen den einzelnen Stationen und zur Vermeidung von Störungsauswirkungen wird nicht berücksichtigt. Dazu sei auf spezielle Arbeiten verwiesen /62, 63/.
Störungen können mit einem Zufallsprozeß erzeugt werden. Sie werden beschrieben durch

- Störabstand: Zeitdauer zwischen Ende einer Störung und Anfang der nächsten
- Stördauer: Zeitdauer der Störung.

Unter der Annahme, daß sowohl Störabstand als auch Stördauer exponentiell verteilt sind /64/, kann man diese Daten mit Hilfe von exponentiell verteilten Zufallsprozessen und Mittelwerten von Störabstand und Stördauer erzeugen. Die Größen oder besser deren Spannbreiten werden vom Planer aus der Erfahrung mit anderen Montagesystemen abgeleitet. Bei der Auswertung der Ergebnisse kommt es im Planungsstadium weniger auf die absolute Höhe der Störungen eines Gesamtsystems an, sondern vielmehr auf den Vergleich der Verluste durch Störungen bei unterschiedlichen Systemkonzeptionen.

Die Mittelwerte der Störabstände oder der Stördauern können variiert wrden. Mit einem Systemfaktor lassen sich die Störbedingungen eines Systems beeinflussen, also Stördauer und Störabstand gleichzeitig verändern.

4.3.5 Berechnung der Restkapazitäten

Die Restkapazität gibt an, was nach der Zuteilung der Produkte bzw. Aufträge von dem Kapazitätsangebot der Teilsysteme noch zur Verfügung steht. Sie liefert einerseits Aussagen hinsichtlich des Gesamtergebnisses, d.h. wieviel Restkapazität nach Einlastung aller Aufträge auf den einzelnen Teilsystemen verbleibt. Als Zwischenergebnis steuert die Restkapazität im Rahmen der Einlastungsstrategien aber auch die Zuteilung der einzelnen Aufträge auf die Teilsysteme entsprechend dem jeweils noch verfügbaren Kapazitätsangebot.

Im Gegensatz zur Überkapazität - als eine strategische Planungsvorgabe - ist die Restkapazität ein Ergebnis der Abstimmung von Kapazitätsbedarf und -angebot. Sie ist geeignet als Kennzahl, unterschiedliche Systemkonzeptionen hinsichtlich deren Verhalten bei bestimmten Produktionsbedingungen zu vergleichen. Hohe Restkapazität einer Lösungsalternative im Vergleich zu einer anderen sagt z.B. aus, daß bei gleicher Nachfragesituation das eine Montagesystem zum Abgleich von Nachfrageschwankungen besser geeignet ist als ein Vergleichssystem.

Im vorliegenden Modell sind u.a. Einfach-, Mehrfach- sowie typgebundene Stationen zugelassen. Daraus resultiert, daß einzelne Produkte unterschiedliche Stationen und damit Kapazitäten eines Systems beanspruchen können. Für die Berechnung der Restkapazitäten muß daher für das jeweilige Produkt eine Größe gefunden werden, welche das jeweils nutzbare Kapazitätsangebot pro Produkt widerspiegelt, d.h. das Kapazitätsangebot eines Systems kann nicht durch die insgesamt installierte Kapazität für alle Produkte angegeben werden, sondern muß bezogen auf das einzelne Produkt beschrieben werden.

Diese produktbezogenen Kapazitätsangebote sind aber nicht direkt miteinander vergleichbar. Mit der Einbeziehung der Produktionsrate (pr) wird eine vergleichbare Größe eingeführt. Sie gibt an, mit welcher Geschwindigkeit die Produkte das Montagesystem durchlaufen.

Zur Berechnung der Produktionsrate werden die von den einzelnen Produkten belegten Stationen (S) und deren Vorgabezeit (tv) berücksichtigt. Der Zusammenhang ist wie folgt:

$$pr_{ij} = S_{ij}/tv_{ij}$$

pr_{ij} : Produktionsrate des Produktes j auf System i
S_{ij} : Stationen von Produkt j auf System i
tv_{ij} : Vorgabezeit von Produkt j auf System i

Die Produktionsrate gibt also an, wieviel Stück pro Zeiteinheit über eine Montagestation laufen und dient als Faktor zum Vergleich der zu produzierenden Stückzahl der einzelnen Produkte.

Zunächst wird das insgesamt zur Verfügung stehende Kapazitätsangebot des Systems in der Produktionsstückzahl (ST) des zuzuweisenden Produktes ausgedrückt, vermindert um die erforderliche Rüstzeit (tr).

$$ST_{ij} = (K_i - tr_{ij})/tv_{ij}$$

K_i : Kapazitätsangebot des Systems i
ST_{ij} : Produktionsmenge ausgedrückt in der Stückzahl des Produktes j auf dem System i
tr_{ij} : Rüstzeit des Produktes j auf dem System i

Diese Produktionsmenge (ST_{ij}) wird reduziert um den Kapazitätsanteil, der durch Störungen nicht genutzt werden kann. Dieser Anteil ergibt sich aus der Multiplikation von Produktionsrate (pr) und Stördauer (tstör) der Periode. Sind die Produktionsraten unterschiedlich, dann sind auch die kapazitätsmäßigen Auswirkungen der Störungen auf die einzelnen Produkte unterschiedlich.
Nach Abzug der Störungen und der aktuell zuzuweisenden Produktionsmenge (STx) des Produktes j erhält man die verbleibende Kapazität, ausgedrückt als Reststückzahl (STR) des eben zugewiesenen Produktes.

$$STR_{ij} = ((K_i - tr_{ij})/tv_{ij}) - pr_{ij} \cdot tstör_i - STx_{ij}$$

STR_{ij} : Reststückzahl des Produktes j auf System i
$tstör_i$: Störungen auf System i

Diese Reststückzahl wird anhand der Produktionsrate umgerechnet in die Produktionsmenge des in der Folge zuzuweisenden Produktes.

$$ST_{i,j+1} = f_{j,j+1} \cdot STR_{i,j}$$

Der Faktor f zur Umrechnung der Produktionsmenge der einzelnen Produkte ist das Verhältnis ihrer Produktionsraten.

$$f_{j,j+1} = pr_{j+1}/pr_j$$

Dieses Verfahren wird fortgesetzt, bis alle Produkte den einzelnen Teilsystemen zugewiesen sind.

4.4 Anwendung des Verfahrens zur mengenorientierten Kapazitätsplanung

Das beschriebene Modell wird umgesetzt in ein EDV-Programm (KAPSIM). Damit wird die Voraussetzung geschaffen zur Simulation des Verhaltens von Montagesystemen im Rahmen der mengenorientierten Kapazitätsplanung. Die Struktur des Programmsystems KAPSIM wird im Anhang erläutert. Ziele der Anwendung sind:

- die Auswirkungen unterschiedlicher Systemkonzeptionen hinsichtlich des Kapazitätsangebots und dessen Aufteilung in Teilsysteme zu erfassen,
- deren iterative Veränderung entsprechend der produkt- und produktionsseitigen Anforderungen vornehmen zu können,
- die Überprüfung des Zusammenwirkens einzelner Systemelemente zu ermöglichen,
- Maßnahmen bzw. Maßnahmenkombinationen zu beurteilen und zu vergleichen,

- o die Ableitung von Hinweisen zum Betreiben eines Montagesystems in quantitativ bestimmten Größen zu erhalten,

um ein entsprechend der Planungsaufgabe angepaßtes System planen und betreiben zu können.
Der modulartige Aufbau des Modells und des Programmsystems sowie die Möglichkeiten der Kombination von Einzelmodulen erlauben dem Planer eine weitgehend individuelle Gestaltung des Planungsablaufs bzw. der Simulationsschritte.

4.4.1 Ablauf der Planung mit KAPSIM

Angepaßt an die jeweilige Planungsaufgabe kann der Planungsablauf vom Anwender beeinflußt werden, d.h. er kann an bestimmten Entscheidungsknoten in den Ablauf eingreifen. Es handelt sich um ein Vorgehen, bei dem Planungsabläufe, Algorithmen und Informationen vorgegeben sind und deren Verknüpfung und Beeinflussung von einem Experten gesteuert werden kann, bei dem also planerische Kreativität mit algorithmierten Abläufen gekoppelt wird.

Der in Bild 19 dargestellte Planungsablauf mit KAPSIM gliedert sich in drei Abschnitte. Im ersten Abschnitt wird die zur Lösung der Planungsaufgabe erforderliche Datengrundlage geschaffen. Neben den allgemeinen Daten werden produkt- und produktionsspezifische Daten benötigt. Die Auftragsreihen für die einzelnen Produkte - sowohl vergangenheitsbezogen wie auch deren zukünftige Entwicklung - werden eingegeben bzw. generiert. Bei der Strukturierung der Daten kann der Anwender durch eine Clusteranalyse unterstützt werden. Damit erhält er Hinweise zur Klassifizierung der Produkte und zur Festlegung der Systemkonzeptionen, d.h. bei der Festlegung der Anzahl der Teilsysteme und deren Verknüpfung /50/.

Im zweiten Abschnitt wird das Ziel verfolgt, die Gesamtkapazität, die Kapazitätsteilung in Teilsysteme sowie den Kapazitätsausgleich zwischen diesen zu ermitteln. Dazu muß vom Anwender entschieden werden, nach welcher Strategie Aufträge in

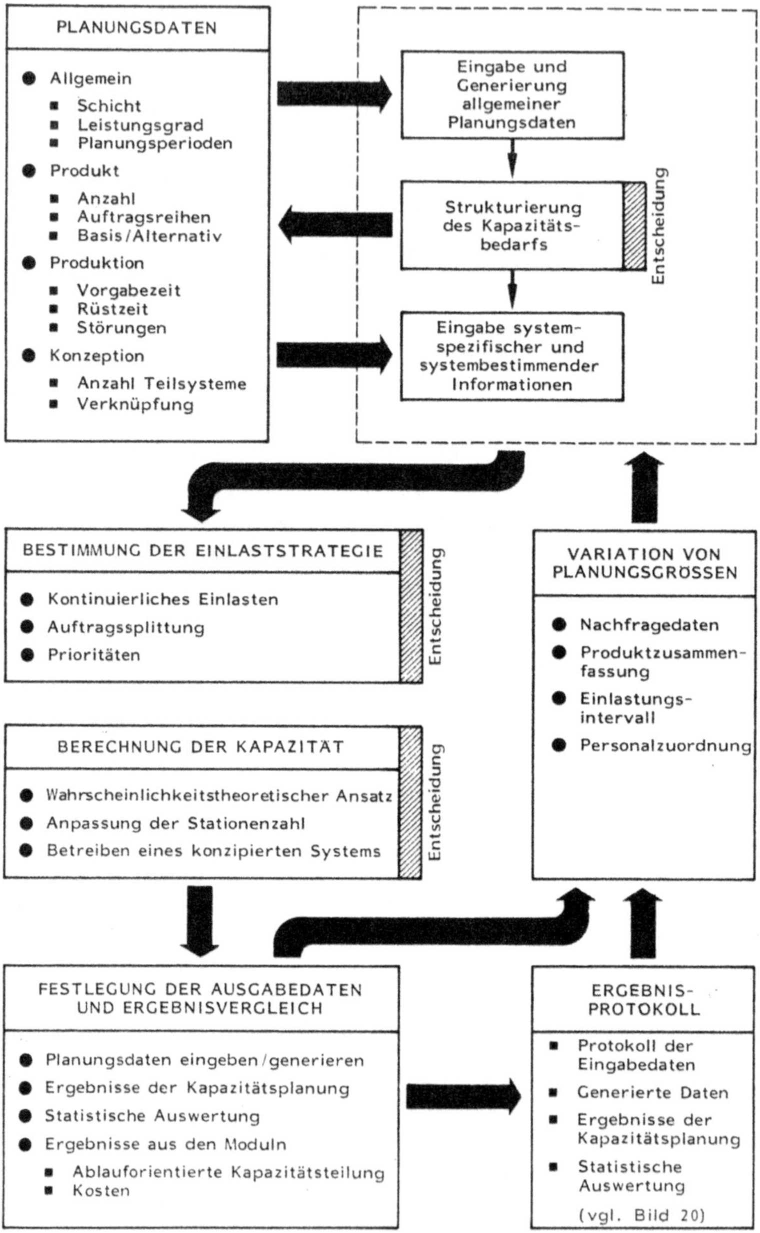

Bild 19: Ablauf der Planung mit KAPSIM

das Montagesystem eingelastet werden bzw. nach welchem Ansatz - auch in Abhängigkeit vom Planungsfortschritt - die Kapazität bestimmt wird. Hier besteht z.B. die Möglichkeit bei einzelnen Teilsystemen in bestimmtem Umfang die Kapazität durch die Veränderung der Stationenzahl anzupassen.
Die Möglichkeit, das Kapazitätsangebot vorzugeben bzw. zu fixieren, bietet sich an

- o zur Überprüfung bestehender Systeme unter anderen Randbedingungen,
- o bei Kapazitätserweiterungen zu deren sinnvollen Integration in ein bestehendes System sowie
- o in einem fortgeschrittenen Planungsstadium zur Beurteilung bzw. Überprüfung von Planungsalternativen.

Dieser Abschnitt im Planungsablauf ist in engem Zusammenhang mit dem Verfahren zur ablauforientierten Kapazitätsplanung zu sehen, mit dem die Montagetätigkeiten einzelnen Stationen zugeordnet werden.

Neben diesem Ablauf, ein Montagesystem unter festen Planungdaten zu konzipieren, besteht die Möglichkeit - und diese gewinnt gerade bei der Neukonzeption von Systemen und bei unsicheren Daten an Bedeutung - einzelne Planungsgrößen zu verändern. Damit kann der Planer ein konzipiertes System hinsichtlich dessen Verhalten auf veränderte Produkt- und Produktionsbedingungen überprüfen und mit planerischen Maßnahmen korrigierend eingreifen.

Nach Abschluß der einzelnen Simulationsläufe kann der Anwender im dritten Abschnitt bestimmen, welche Ergebnisse ausgegeben werden sollen.

Die Anwendung von KAPSIM gemeinsam mit der ablauforientierten Kapazitätsplanung und die Darstellung ausgewählter Ergebnisse bzw. Hinweise zur Kapazitätsplanung erfolgt anhand eines Beispiels in Kapitel 6. Einen Überblick über die zu erzielenden Ergebnisse für KAPSIM wird im folgenden gegeben.

4.4.2 Darstellung der Ergebnisse

Die Ergebnisdarstellung und Interpretation ist von zentraler Bedeutung zur Entscheidungsvorbereitung und -findung.

Insgesamt können im Ergebnisblock (vgl. Bild 20) ausgegeben werden:

- die Planungsdaten
- die Ergebnisse der Kapazitätsplanung sowie
- ein Kurzprotokoll und die statistische Auswertung der Ergebnisse

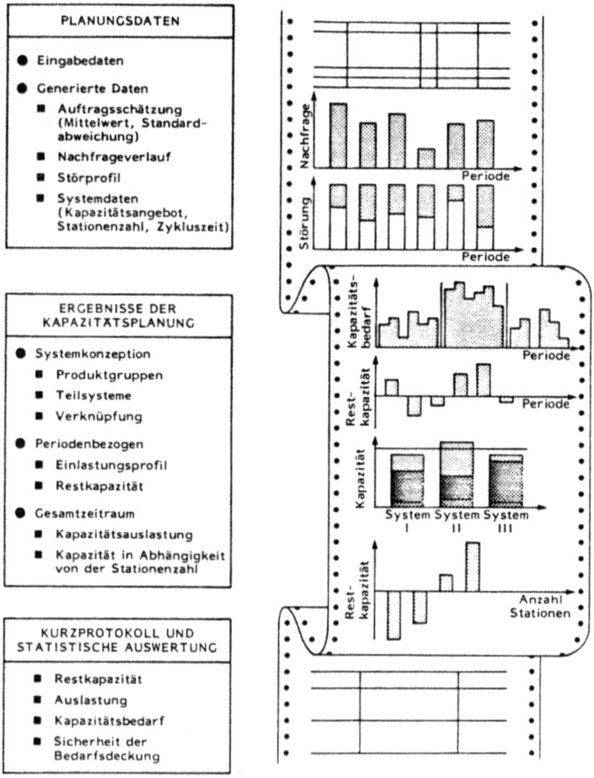

Bild 20: Zusammenstellung der Ergebnisse aus KAPSIM

Die vom Anwender eingegebenen Planungsdaten können zusammen mit den generierten bzw. simulierten Daten zur Überprüfung und auch als Grundlage zur Einschätzung der Planungsergebnisse dargestellt werden.

Von den generierten Daten wird die zukünftige Auftragsschätzung pro Produkt und Planungsperiode, d.h. deren Nachfrageverhalten aufgezeigt. Die graphische Darstellung des Nachfrageverlaufs erleichtert das Erkennen von Schwankungen und Trends. Hier können die Nachfrageverläufe der Produkte einzeln wie auch zusammengefaßt für jeweils unterschiedliche Produktgruppen aufbereitet werden.

Daraus läßt sich z.B. ableiten, welche Produkte aufgrund ihres gleichartigen Nachfrageverhaltens oder durch gegenseitigen Ausgleich von Schwankungen geeignet sind, ein System gleichmäßig auszulasten. Die Ergebnisse der Kapazitätsplanung für das Gesamtsystem und deren Teilsysteme werden periodenbezogen und für den gesamten Betrachtungszeitraum aufgezeigt.

Das Einlastungsprofil gibt Aufschluß über den zugeordneten Kapazitätsbedarf an Basis- und Ausgleichsprodukten, der den einzelnen Teilsystemen zugeordnet wird. Aus dem Verlauf über die einzelnen Perioden geht hervor, in welchem Umfang die Ausgleichsprodukte entsprechend der Nachfragesituation den zur Disposition stehenden Teilsystemen zugeteilt werden. (Darstellung der Diagramme im Anhang).

Die Darstellung der Restkapazität zeigt, in welchen Planungsperioden das Kapazitätsangebot zur Bedarfsdeckung ausreicht und wann - als Ausdruck der Kapazitätsunterdeckung - negative Restkapazität auftritt. Bezogen auf den Gesamtzeitraum wird die durchschnittliche Kapazitätsauslastung pro Teilsystem errechnet.
Als weiterer planerischer Hinweis wird die Kapazität in Abhängigkeit von der Stationenzahl errechnet. Dazu wird das Kapazitätsangebot eines Montagesystems - ausgedrückt durch die unterschiedliche Anzahl der Stationen - schrittweise verändert

und gezeigt, ab welcher Stationenzahl der durchschnittliche Kapazitätsbedarf gedeckt werden kann. Mit diesen Ergebnissen lassen sich Überkapazitäten einplanen bzw. in Verbindung mit dem periodenbezogenen Restkapazitätsverlauf die Entscheidung treffen, eine bestimmte Unterdeckung in Kauf zu nehmen. Letzteres läßt sich z.B. dann rechtfertigen, wenn sich die Unterdeckung auf bestimmte Perioden - z.B. im Saisongeschäft - beschränkt und durch andere kapazitätswirksame Maßnahmen ausgeglichen werden kann bzw. wenn der zusätzliche Kapitaleinsatz einen Kapazitätssprung nicht zuläßt.

In einem Kurzprotokoll werden die Ergebnisse des Gesamtsystems und der Teilsysteme sowie deren statistische Auswertung zusammgefaßt.

Im einzelnen sind dies z.B.:

- o durchschnittliche sowie minimale und maximale Auslastung des Montagesystems
- o Gegenüberstellung von Kapazitätsbedarf und -angebot für das Gesamtsystem
- o durchschnittlich eingeplante Überkapazität
- o durchschnittlicher Kapazitätsbedarf pro Produkt (Erwartungswert)
- o Standardabweichung der Nachfrage pro Produkt als Ausdruck der Nachfrageschwankungen.

Die Auswertung der Ergebnisse gibt dem Anwender Hinweise zur vergleichenden Beurteilung der betrachteten Montagesysteme.

Für einen Experten lassen sich daraus Symptome für Vor- und Nachteile der einzelnen Systeme bzw. der dazu umgesetzten Maßnahmen erkennen und geben ihm die Möglichkeit zur Ableitung einer Diagnose und zur schrittweise Verbesserung des Gesamtsystems entsprechend der Planungsaufgabe.

5 Verfahren zur ablauforientierten Kapazitätsplanung

Nach der kapazitiven Aufteilung des Gesamtsystems in Teilsysteme und deren organisatorischen Verknüpfung besteht die planerische Aufgabe darin, die auszuführenden Montagetätigkeiten auf die einzelnen Stationen bzw. Mitarbeiter aufzuteilen.

Im Gegensatz zur Leistungsabstimmung von Montagesystemen /29/ sind in der Planungsphase auch die systemseitigen Randbedingungen gestaltbar. Bei der ablauforientierten Kapazitätsplanung sollen daher die Planungs- und Gestaltungsspielräume seitens des Produktes und der Produktion berücksichtigt werden.

5.1 Anforderungen an die ablauforientierte Kapazitätsplanung

Die ablauforientierte Kapazitätsplanung wird in zwei Planungsstufen angewandt. In der ersten Stufe, in Verbindung mit der mengenorientierten Kapazitätsplanung, wird das Verfahren zur Bestimmung der Kapazität eingesetzt unter Nutzung aller Spielräume der Montageablaufstruktur. Dieses vorläufige Ergebnis dient in der zweiten Stufe als Kennzahl zur Beurteilung der dann erzielten Ergebnisse. In dieser Phase der Arbeitsinhaltsbildung sollen zunehmend produkt- und produktionsseitige Randbedingungen berücksichtigt werden.

Aufgrund der Zusammenfassung mehrerer Produkttypen auf einem Teilsystem sind z.T. unterschiedliche Montageablaufstrukturen zu berücksichtigen, d.h. z.B. unterschiedliche Tätigkeiten, Tätigkeitsfolgen und Vorgabezeiten. Bei voneinander abhängigen Stationen ist es erforderlich, daß der zugeordnete Kapazitätsbedarf jeweils gleich ist, um Ausgleichsverluste zwischen den Stationen zu vermeiden. Der Kapazitätsbedarf pro Station (kstat) ergibt sich aus der Stückzahl (ST), die pro Zeiteinheit von den einzelnen Produkten bearbeitet werden soll, und der pro Produkt erforderlichen Zeit zur Ausführung der Montagetätigkeiten an einer Station, die im folgenden als Zykluszeit (Z) bezeichnet wird. Die Zusammenhänge sind wie folgt:

$$Z_i \qquad tv_i/S_i$$

$$kstat = \sum_i ST_i/ZE \cdot Z_i$$

Z_i : Zykluszeit des Produktes i
tv_i : Vorgabezeit des Produktes i
S_i : Anzahl der Stationen für Produkt i
kstat : Kapazitätsbedarf pro Station
ST_i : Stückzahl des Produktes i
ZE : Zeiteinheit

Bei der Aufteilung von Montagetätigkeiten auf Stationen sollen entsprechend Bild 21 die Möglichkeiten berücksichtigt werden, für alle Produkte entweder die gleiche Anzahl Stationen (Fall I) oder aber die gleiche Ausbringung pro Zeiteinheit (Fall II) zu planen.

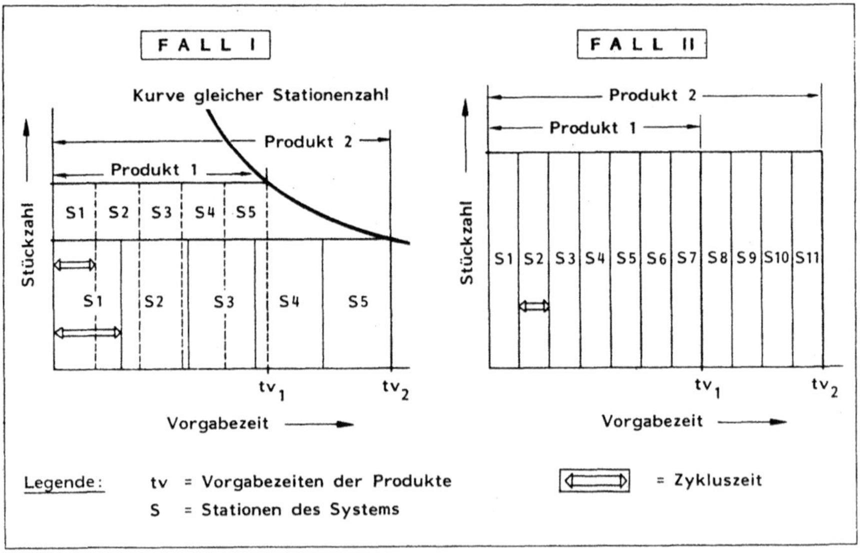

Bild 21: Aufteilung der Montageinhalte hinsichtlich gleicher Stationenzahl (I) oder gleicher Zykluszeit (II) bei Produkten mit unterschiedlichen Vorgabezeiten

Die Planung einer festen Stationenzahl für alle Produkte auf einem Teilsystem bedeutet, daß sich bei unterschiedlichen Gesamtvorgabezeiten einzelner Produkte unterschiedliche Zykluszeiten pro Produkt und damit auch unterschiedliche Ausbringungen ergeben können.

Die Festlegung von gleichen Zykluszeiten für alle Produkte führt bei ungleicher Vorgabezeit zu unterschiedlichen Stationenzahlen bei den einzelnen Produkten.

In beiden Fällen besteht das Ziel, den Kapazitätsbedarf zu gleichen Teilen den einzelnen Stationen zuzuordnen. Bei der Teilbarkeit der Vorgabezeit ergeben sich jedoch Grenzen. Die Ursache dafür ist, daß die zur Ausführung der Montage erforderlichen Tätigkeiten nicht beliebig teilbar sind. Solche sinnvoll nicht weiter unterteilbaren Tätigkeiten werden Teilverrichtungen genannt /11/.

Durch die Zuteilung von gleichen oder ähnlichen Teilverrichtungen verschiedener Produkte auf die gleichen Stationen sollen homogene Arbeitsinhalte erreicht werden. Die Homogenität kann sich dabei auf unterschiedliche Eigenschaften beziehen wie z.B. gleiche Qualifikationsanforderungen an die Mitarbeiter oder gleiche Fügeverfahren zur Montage. Die Zusammenfassung von Teilverrichtungen kann auch organisatorisch begründet sein, so daß z.B. gleiches Material nur an einer bestimmten Station angeliefert werden muß.

5.2 Einflußgrößen und Randbedingungen

Grundlage für die ablauforientierte Kapazitätsplanung ist die Montageablaufstruktur der Produkte. Diese beinhaltet die zur Montage eines Produktes erforderlichen Tätigkeiten und deren logische Verknüpfung, die im wesentlichen durch den Produktaufbau bzw. die Produktkonstruktion bestimmt wird. Zur Darstellung und Aufbereitung dieser Abhängigkeiten eignet sich insbesondere der Vorranggraph /11/.

In Bild 22 ist ein Vorranggraph dargestellt. Die Knoten kennzeichnen die einzelnen Teilverrichtungen, und die Kanten geben deren gegenseitigen Abhängigkeiten bzw. Vorrangbeziehungen an.

Bei der Erstellung eines Vorranggraphen ist darauf zu achten, daß möglichst alle Freiheitsgrade bezüglich des Montageablaufs erfaßt werden.

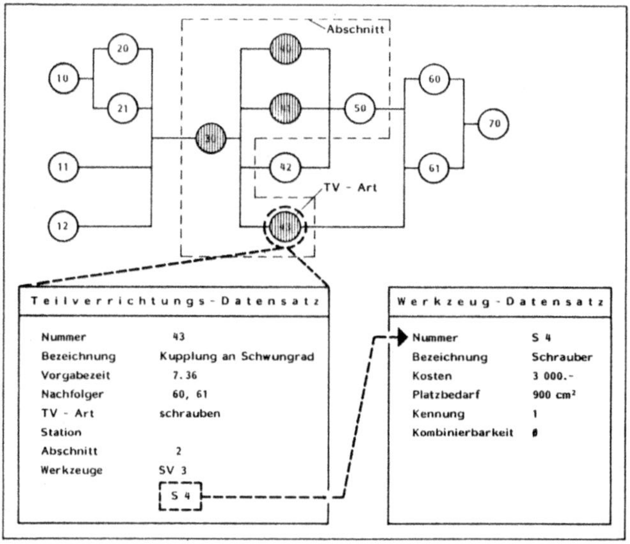

Bild 22: Vorranggraph und den Teilverrichtungen zugeordnete Informationen

Wie in Bild 22 gezeigt, wird jede Teilverrichtung durch bestimmte Informationen spezifiziert. Neben der Identifizierung der Teilverrichtung durch die Teilverrichtungsnummer, die Angabe der jeweils direkten Nachfolger, die Bezeichnung der Tätigkeit und der Vorgabezeit, kann die Teilverrichtung durch bestimmte Merkmale gekennzeichnet werden wie z.B. durch die Zuordnung zu bestimmten Stationen bzw. Abschnitten oder durch die Tätigkeitsart. Darüber hinaus werden die Werkzeuge und Vorrichtungen und die zur Ausführung erforderlichen Bauteile erfaßt.

Die Merkmale geben an, ob bestimmte Teilverrichtungen zusammengefaßt werden sollen oder ob deren Ausführung gemeinsam auf einer Station vermieden werden soll. Merkmale, die zur Zusammenfassung von Teilverrichtungen führen können, sind z.B.:

- o funktionsorientiert,
- o montagelageorientiert oder
- o materialbereitstellungsorientiert.

In Bild 23 werden die einzelnen Teilverrichtungen bestimmten Montageabschnitten zugeordnet. Dabei sind als Randbedingungen zur Abschnittsbildung bestimmte Funktionen wie Schweißen, Schrauben und Prüfen berücksichtigt worden. Funktionsneutrale Teilverrichtungen können, sofern keine Restriktionen seitens der Montageablaufstruktur bestehen, beliebig zugeteilt werden.

Zur Ausführung einzelner Teilverrichtungen sind Werkzeuge und Vorrichtungen erforderlich. Damit werden die Tätigkeiten entsprechend Bild 22 weiter spezifiziert. Dies beinhaltet auch die Angabe von deren Anschaffungs- bzw. Wiederbeschaffungswert. Anhand dieser Angaben können Ausstattungsunterschiede einzelner Alternativen ermittelt werden. Die Berücksichtigung einer Flächenkennzahl verhindert die Überbelegung von Stationen mit Werkzeugen.

Aus dem gleichen Grund wird eine Kennung eingeführt, die angibt, ob ein Betriebsmittel ortsfest oder ortsveränderlich ist. Ferner stellt die Angabe über die Kombinierbarkeit sicher, daß miteinander unvereinbare Betriebsmittel nicht derselben Station zugewiesen werden können.

Zwei weitere Randbedingungen - jeweils Ergebnis der integrierten Anwendung von KAPSIM und der ablauforientierten Kapazitätsbestimmung - sind die Anzahl der Mitarbeiter eines Teilsystems und die Zykluszeit, welche den Schwerpunkt für die weitere Entwicklung des Verfahrens bilden.

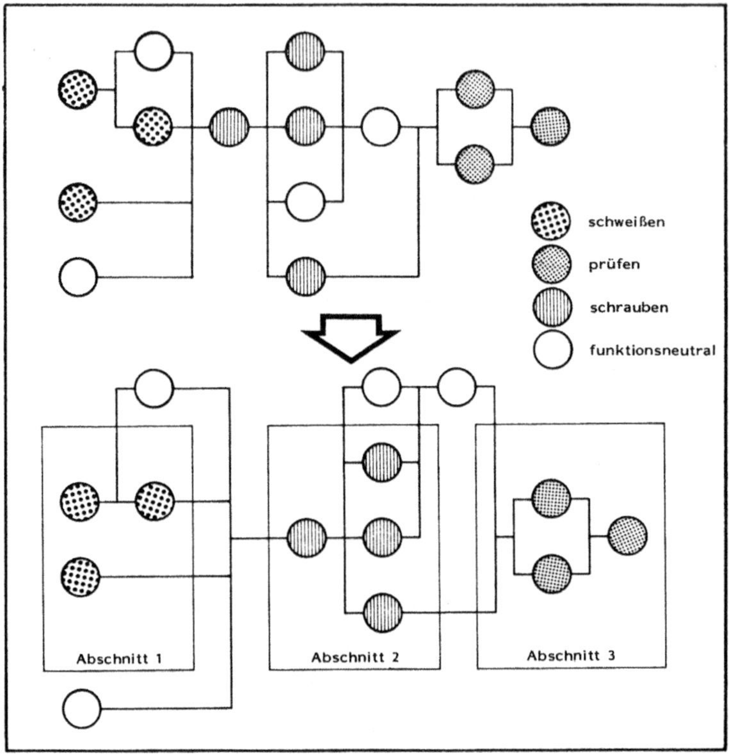

Bild 23: Abschnittsbildung nach Teilverrichtungsarten

5.3 Beschreibung des Verfahrens zur ablauforientierten Kapazitätsplanung

Unter Berücksichtigung der zuvor genannten Einflußgrößen und Randbedingungen wurde ein Programmsystem zur ablauforientierten Kapazitätsplanung (PAKAP) entwickelt. Die ihm zugrundeliegenden Algorithmen, Strategien sowie die zu erzielenden Ergebnisse sollen im folgenden beschrieben werden. Die Struktur des Programmsystems PAKAP wird im Anhang erläutert.

5.3.1 Die Zuordnung der Teilverrichtungen

Die Begrenzung für die Zuteilung der Teilverrichtungen zu Stationen bzw. Mitarbeitern bildet die Zykluszeit. Wie in Bild 24 am Beispiel unterschiedlicher Zykluszeiten und gleicher Stationenzahl für die betrachteten Produkte gezeigt wird, entsteht aufgrund der eingeschränkten Teilbarkeit der einzelnen Teilverrichtungen ein nicht genutzter Kapazitätsanteil, die Ausgleichszeit. Diese ergibt sich als Differenz zwischen Zykluszeit und der Summe der für die einzelnen Teilverrichtungen erforderlichen Vorgabezeiten, der Stationszeit. Die Ausgleichszeit gilt es zu minimieren.

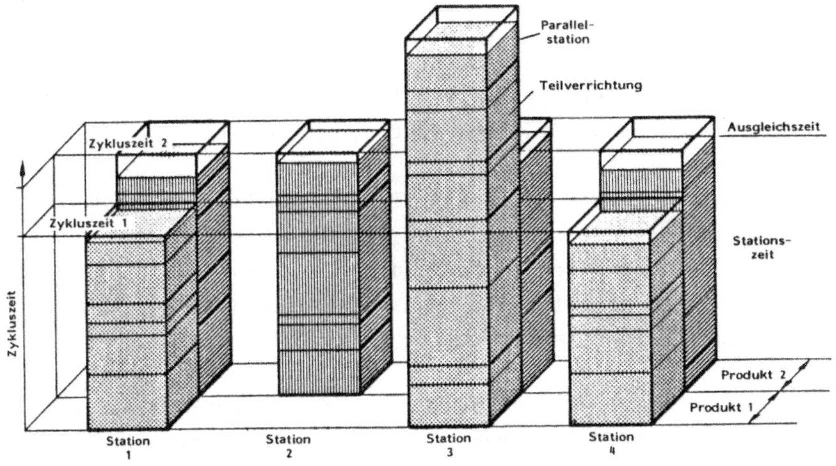

<u>Bild 24:</u> Aufteilung der Teilverrichtungen der einzelnen Produkte auf Arbeitsstationen

Die Zuweisung der Tätigkeiten zu Stationen erfolgt entsprechend den im Vorranggraphen festgelegten Teilverrichtungsfolgen. Die zuordenbaren Teilverrichtungen werden jeweils auf Einhaltung der gegebenen Randbedingungen überprüft.

Diese Abfragen beziehen sich auf die Berücksichtigung der logischen Abhängigkeiten der einzelnen Teilverrichtung entsprechend dem Vorranggraphen. Weiter sollen aufgrund der Betrachtung mehrerer Produkte folgende Bedingungen erfüllt werden:

1. Teilverrichtungen mit der gleichen Merkmalsausprägung sollen der gleichen Station zugeordnet werden.
2. Teilverrichtungen, die ein bestimmtes Werkzeug erfordern, werden der gleichen Station zugeordnet, wobei ein Minimum an Werkzeugen im System angestrebt wird.
3. Teilverrichtungen, die bestimmte Bauteile erfordern, werden der gleichen Station zugeordnet, um unterschiedliche Anlieferorte pro System zu vermeiden.

Um diese Randbedingungen besser überprüfen zu können, wird bei der Zuteilung einer Teilverrichtung zu einer Station diese als Stammstation dieser Teilverrichtung erklärt.

Stammstationen sind für Teilverrichtungen anderer Produkte mit entsprechenden Bedingungen bindend. Bei der Zuteilung von Werkzeugen sind außerdem Bedingungen abzufragen, ob beim Zusammentreffen mehrerer Werkzeuge Platz- oder Kombinierbarkeitsrestriktionen auftreten (vgl. Bild 25).

Durch das Einhalten von Zuteilungs-Restriktionen kann es in folgenden Fällen vorkommen, daß typgebundene Stationen definiert werden müssen:

1. Eine Station wird von den vorhergehenden Produkten bereits derart mit Werkzeugen belegt, daß keine Teilverrichtung des gerade in der Zuteilung befindlichen Produktes zugewiesen werden kann (vgl. Bild 25). So wird vermieden, daß z.B. zuviel handgeführte Werkzeuge an einer Station sind.

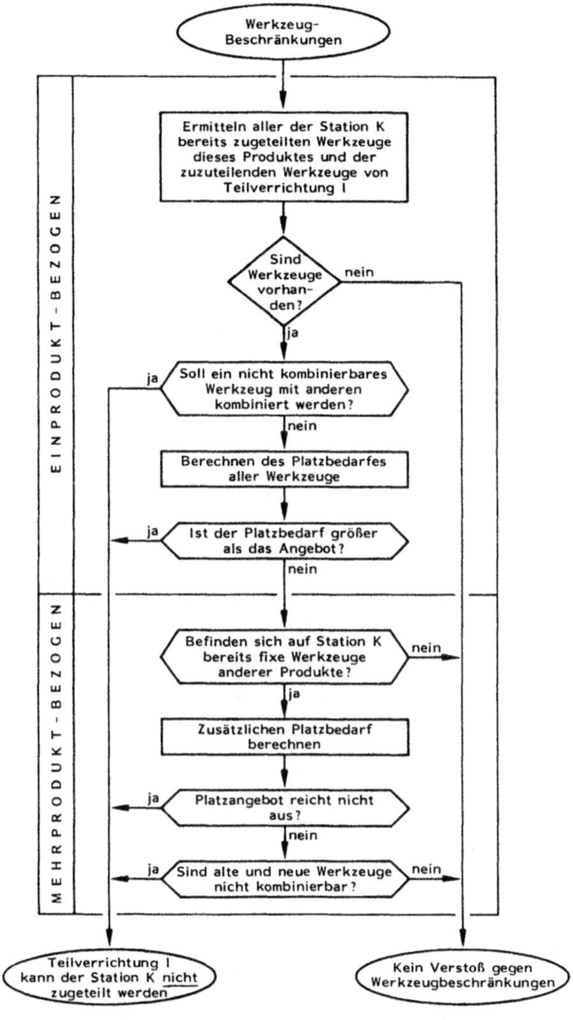

Bild 25: Überprüfung auf Werkzeug-Beschränkungen

2. Die nächste zuteilbare Teilverrichtung eines Produktes hat eine Stammstation, deren Nummer größer als die aktuelle Stationsnummer ist. Dadurch wird der aktuellen Station keine Teilverrichtung zugewiesen. Diese Station ist also eine typgebundene für andere Produkte (Bild 26)

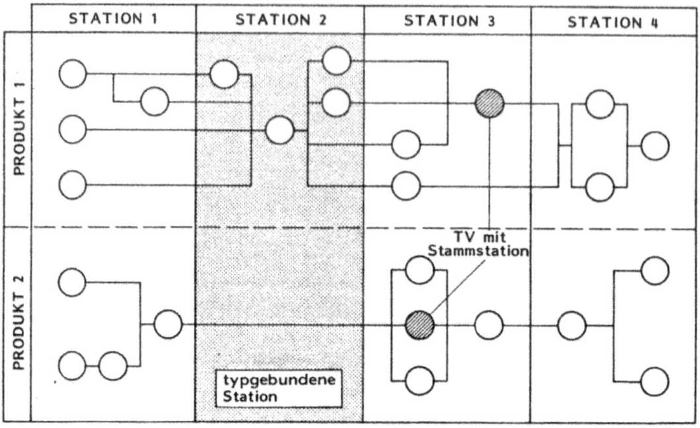

<u>Bild 26:</u> Typgebundene Station durch Einhaltung der Stammstations-Restriktionen

3. Die Teilverrichtungen werden definierten Abschnitten zugeordnet. Bei einzelnen Produkten können aufgrund unterschiedlicher Vorgabezeiten nicht alle Stationen eines Abschnitts ausgelastet werden (vgl. Bild 27).

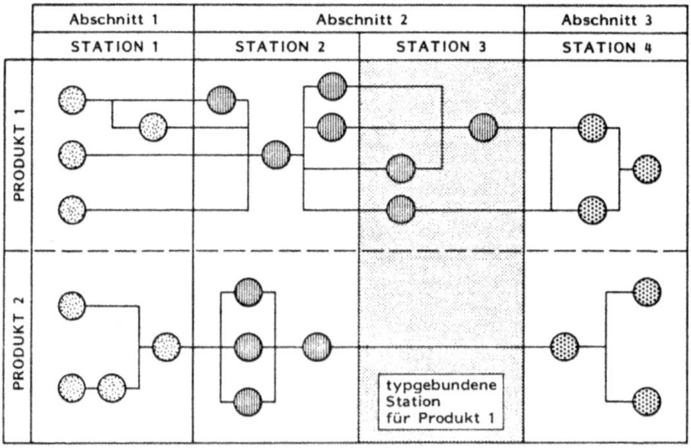

<u>Bild 27:</u> Typgebundene Station durch Einhaltung von Abschnitts-Restriktionen

Typgebundene Stationen können auch im Zusammenhang mit einer Mehrfachstation auftreten, wenn diese nicht bei allen Produkten erforderlich ist und auch nicht in Reihe genutzt werden kann.

5.3.2 Strategien zur ablauforientierten Kapazitätsplanung

Im Rahmen der ablauforientierten Kapazitätsplanung kann, wie in Bild 28 dargestellt, die Zuordnung der Teilverrichtungen zu Stationen bzw. Mitarbeitern durch eine produktweise oder stationsweise Kapazitätsteilung durchgeführt werden.

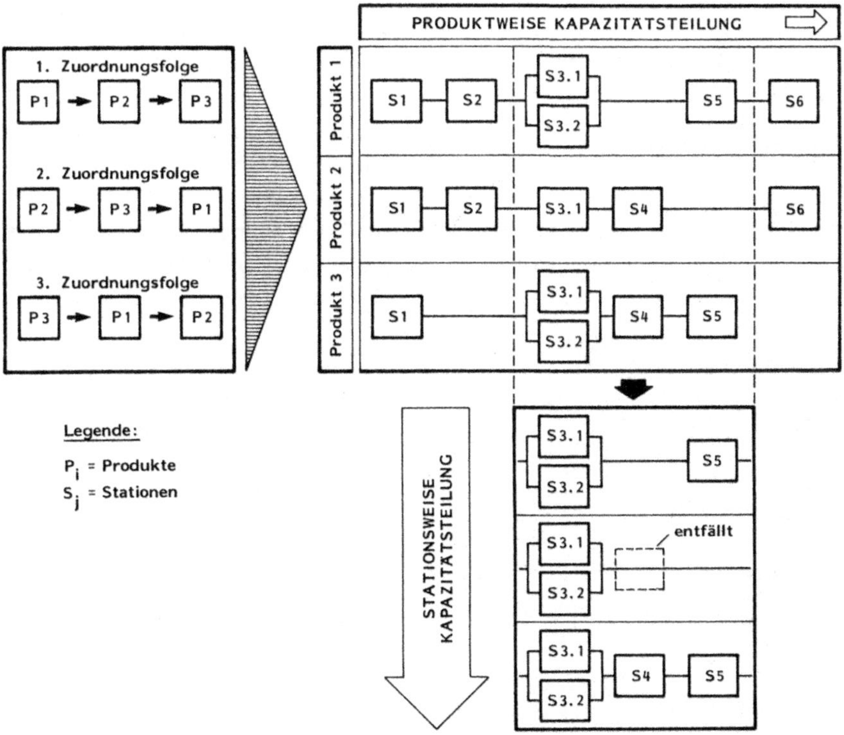

Bild 28: Kapazitätsteilung im Rahmen der ablauforientierten Kapazitätsplanung

Die produktweise Kapazitätsteilung wird jeweils für den gesamten Montageumfang eines Produktes durchgeführt und die dafür erforderliche Anzahl Stationen geschaffen und mit Teilverrichtungen belegt.

Dieses Zuordnungsergebnis von Teilverrichtungen zu Stationen ist jeweils bindend für die Kapazitätsteilung des nächsten Produktes, d.h. die Zuordnung von gleichen Teilverrichtungen zweier Produkte orientiert sich an der Vorgabe des zuerst bearbeiteten.

Diese Strategie hat den Vorteil, daß die Montageablaufstruktur der Produkte insgesamt betrachtet wird. Damit werden ähnliche Teilverrichtungen bzw. Teilverrichtungsfolgen zusammengefaßt und Abweichungen im Ablauf können durch typgebundene Stationen ausgeglichen werden.

Problem bei diesem Vorgehen ist, daß das Zuteilungsergebnis des ersten Produktes bestimmend ist für die in der Folge betrachteten Produkte. Dieser Nachteil wird umgangen, indem die Zuordnungsfolge der Produkte so geändert wird, daß jedes Produkt einmal die Kapazitätsteilung vorgibt (vgl. Bild 28).

Beim stationsweisen Vorgehen wird ein Abschnitt aus der Montageablaufstruktur gemeinsam für alle Produkte bearbeitet, d.h. die entsprechenden Teilverrichtungsfolgen werden stationsweise betrachtet und zugeordnet (vgl. Bild 28). Die Anwendung dieser Strategie empfiehlt sich zur besonderen Betrachtung einzelner Montageabschnitte - z.B. ein Ergebnisausschnitt aus dem produktweisen Vorgehen - und zur Durchführung gezielter Veränderungen z.B. der Randbedingungen oder der Zuteilung einzelner Teilverrichtungen.

Je mehr Freiheitsgrade die Montageablaufstruktur der Produkte bietet, um so größer ist die Auswahl an Teilverrichtungen, die im jeweiligen Zuteilungsschritt einer Station zugewiesen werden können. Zur Steuerung dieser Auswahl haben sich zwei Regeln bewährt:

- die maximale Vorgabezeitregel /65/
- die Rangwertregel /66/.

Bei der Maximalen-Vorgabezeit-Regel wird diejenige Teilverrichtung einer Station zugewiesen, die von den aufgrund der Vorrangbeziehungen zur Disposition stehenden die größte Vorgabezeit besitzt.

Bei der Rangwert-Regel wird davon ausgegangen, daß jede Teilverrichtung einen ihr innerhalb des Vorranggraphen entsprechenden Rangwert besitzt. Dieser ergibt sich aus der Summe der Rangwerte der direkten Nachfolger und der eigenen Vorgabezeit. Die Teilverrichtung mit dem höchsten Rangwert wird als nächste zugewiesen.

Da nicht eindeutig bestimmbar ist, welche der beiden Regeln jeweils zum besseren Ergebnis führt, werden in Anlehnung an /30/ bei der Anwendung des Verfahrens beide Regeln kombiniert.

5.3.3 Ergebnisse und deren Beurteilung

Durch die Berücksichtigung unterschiedlicher Zuteilungsstrategien und Produktfolgen wird mit Hilfe des Programmsystems PAKAP eine Vielzahl Alternativen erzeugt, die sich hinsichtlich der Zuteilung von Teilverrichtungen zu Stationen unterscheiden. Die Auswahl der Ergebnisse erfolgt nach den Kriterien

- geringster Ausgleichsverlust,
- geringste Anzahl Mitarbeiter und
- geringste Werkzeugkosten.

Bei der Berechnung der Ausgleichsverluste und Mitarbeiterzahl wird der Kapazitätsanteil jedes Produktes bezogen auf den gesamten Kapazitätsbedarf berücksichtigt. Dadurch wird sichergestellt, daß die Produkte, die ein Montagesystem am stärksten auslasten, bei der Ergebnisbeurteilung auch entsprechend gewichtet werden.

Der Kapazitätsanteil pro Produkt wird wie folgt berechnet:

$$KA_i = tv_i \cdot ST_i / \sum_{l=1}^{n} (tv_l \cdot ST_l)$$

KA_i : Kapazitätsanteil von Produkt i
n : Anzahl der Produkte auf dem Teilsystem

Für jedes Produkt ergibt sich der <u>Ausgleichsverlust</u> innerhalb eines Teilsystems zu:

$$TA_i = \sum_{j=1}^{m} (Z_i - TS_{ij})$$

TA_i : Ausgleichsverlust pro Produkt i
TS_{ij} : Stationszeit des Produkts i an der Station j
m : Anzahl Stationen auf dem Teilsystem

und der Ausgleichsverlust für alle Produkte zu

$$TAg = \sum_{i=1}^{n} TA_i \cdot KA_i$$

TAg : gewichteter Ausgleichsverlust über alle Produkte

Der Ausgleichsverlust eines Produktes i wird mit seinem Kapazitätsanteil multipliziert. Damit wird erreicht, daß jedes Produkt das Gesamtergebnis entsprechend seiner kapazitiven Bedeutung beeinflußt.

Ähnlich wie bei der Berechnung des Ausgleichsverlustes wird auch bei der Ermittlung der <u>Mitarbeiterzahl</u> vorgegangen. Sie ergibt sich zu

$$MAg = \sum_{i=1}^{n} MA_i \cdot KA_i$$

MA_i : benötigte Mitarbeiterzahl für Produkt i
MAg : gewichtete Anzahl Mitarbeiter über alle Produkte

Die Gewichtung der Ergebnisse erfolgt wie bei den Ausgleichsverlusten.

Die Werkzeuge sind jeweils an Teilverrichtungen gebunden. Da eine Teilverrichtung an einer Station mehrmals vorkommen kann - mehrere Produkte mit gleichen Teilverrichtungen - und unterschiedliche Teilverrichtungen durchaus die gleichen Werkzeuge benötigen können, müssen die Werkzeuge pro Station auf die kleinste von allen Produkten benötigte Menge reduziert werden.

Danach errechnen sich die <u>Werkzeugkosten</u> für das Teilsystem wie folgt:

$$KWZg = \sum_j \sum_k KWZ_{jk} \cdot NWZ_{jk}$$

KWZ_{jk} : Kosten des k-ten Werkzeuges an Station j
NWZ_{jk} : Anzahl des k-ten Werkzeuges an Station j
KWZg : Werkzeugkosten für das Teilsystem

Die so ermittelten Werte für die Ergebnisbeurteilung, wie in Bild 29 aufgezeigt, werden zusammen mit den Bedingungen, unter denen der Zuteilungsversuch vorgenommen wird, als Kontrollausdruck ausgegeben. Damit kann der Planer später diesen Versuch unter denselben Bedingungen gezielt wiederholen und eventuelle Variationen vornehmen.

```
Modellreihenfolge                 Typ E    Typ A    Typ H    Typ C    Typ D
Benoetigte Mitarbeiter                6        5        3        3        6
---------------------------------------------------------------------------
Versuch-Nummer                    3
Auswahlwahrscheinlichkeit         0.2294477
-----------------------------------------------
Gewichtete Mitarbeiter            5.16
Gewichteter Ausgleichsverlust     1.46 min
Werkzeugkosten               246490.00 DM
```

<u>Bild 29:</u> Bedingungen und Ergebnisse einer Abstimmung

Ist ein Zuteilungsergebnis in wenigstens einem der drei Vergleichswerte besser als die vorhergehende, so werden alle relevanten Daten wie Produktfolge, Versuchsnummer und Auswahlwahrscheinlichkeit für die Zuteilungsregeln gespeichert.

Nach Abschluß der ablauforientierten Kapazitätsplanung stehen die besten Zuteilungsergebnisse fest. Diese können unter denselben Voraussetzungen wiederholt und insgesamt ausgegeben werden. Sie enthalten:

- die Auflistung der eingegebenen Daten,
- die Ergebnisse der Kapazitätsteilung pro Produkt und Station,
- die Zusammenfassung dieser Ergebnisse,
- ein Auslastungsdiagramm pro Produkt und
- die Werkzeugübersicht über die Verteilung der Werkzeuge auf die Stationen für jedes Produkt.

Ergänzend dazu werden die Ergebnisse für alle Produkte auf einem Übersichtsblatt zusammengefaßt, d.h.

- an welcher Station welche Teilverrichtungen ausgeführt werden müssen,
- welche Werkzeuge an dieser Station zugeordnet sind sowie deren Kosten und
- welche Ausgleichsverluste an den einzelnen Stationen auftreten.

Daraus geht auch die Struktur des Montagesystems hervor. Es wird deutlich, wo z.B. Mehrfachstationen oder typgebundene Stationen auftreten und welche Umrüstmaßnahmen notwendig sind.

5.4 Einfluß der teilverrichtungsgebundenen Vorgabezeiten auf die ablauforientierte Kapazitätsplanung

Im Rahmen der Entwicklung und Anwendung des Verfahrens zur ablauforientierten Kapazitätsplanung tritt die Frage auf, wodurch die Planungsergebnisse beeinflußt werden. Die Höhe der

Ausgleichsverluste ist ein Kriterium für die Güte des jeweiligen Ergebnisses. Neben den produkt- und produktionsseitigen Randbedingungen sind die entstehenden Ausgleichsverluste abhängig vom Detaillierungsgrad des Vorranggraphen. Diese Aussage ist aber in Zusammenhang mit dem Aufwand zu dessen Erstellung zu sehen.

Einerseits besteht die Möglichkeit, die Montagetätigkeiten bis auf die Ebene der Teilverrichtungen zu zerlegen. Damit sind - die Freiheitsspielräume seitens des Produktaufbaus nicht betrachtet - im allgemeinen geringe Ausgleichsverluste erzielbar; der Aufwand zur Erstellung des Vorranggraphen steigt jedoch. Andererseits ist zu erwarten, daß auf der Basis eines Vorranggraphen mit größer werdenden Zeitbausteinen die Ausgleichsverluste zunehmen.

Im folgenden soll daher untersucht werden, wie sich bei einem bestimmten Detaillierungsgrad eines Vorranggraphen die Ausgleichsverluste verhalten, wenn die Vorgabezeiten der einzelnen Tätigkeiten variiert werden.

5.4.1 Durchführung der Untersuchung

Die Untersuchung wird unter folgenden Randbedingungen durchgeführt:

- o Die Montageablaufstruktur des analysierten Produktes ist fest vorgegeben.
- o Die Anzahl der Tätigkeiten ist konstant.
- o Die Vorgabezeit des Produktes und damit die Summe der teilverrichtungsgebundenen Vorgabezeiten ist konstant.
- o Das Montagesystem ist hinsichtlich der Art und Anzahl der Arbeitsstationen vorgegeben.
- o Die Überschreitung der Zykluszeit ist nicht zugelassen.

Einzige Variable und somit Gegenstand der Untersuchung sollen die Vorgabezeiten der einzelnen Tätigkeiten sein. Die Lorenzkurve dient dabei als Hilfsmittel zur Darstellung und zum Erkennen der Konzentrationstendenzen von Merkmalen bzw. deren Ausprägung /58/. Im vorliegenden Fall kann damit angegeben werden, wie die Gesamtvorgabezeit des Produktes auf die vorgegebene Anzahl der Tätigkeiten aufgeteilt ist. Dadurch läßt sich, ähnlich einer ABC-Analyse, bestimmen und variieren, welcher Anteil an Tätigkeiten jeweils kleine, mittlere oder große Vorgabezeiten im Verhältnis zur Zykluszeit aufweist. Haben alle Tätigkeiten die gleiche Vorgabezeit, d.h. es liegt keine Konzentration vor, so entspricht die zugehörige Lorenzkurve der Geraden zwischen dem Nullpunkt und dem Punkt (1,1), in Bild 31 durch L_0 gekennzeichnet. Davon ausgehend lassen sich die Konzentrationstendenzen und damit die Vorgabezeit der Tätigkeiten derart variieren, daß sich das Verhältnis zwischen der Anzahl an kleinen, mittleren und großen Vorgabezeiten verändert.

Je größer der "Bauch" der Lorenzkurve wird, desto größer wird die Konzentration der Merkmalsausprägung. So drückt z.B. die Lorenzkurve L_2 in Bild 31 aus, daß 50 % der Tätigkeiten mit sehr kleinen Vorgabezeiten belegt sind; sie vereinigen lediglich 10 % der gesamten Vorgabezeit auf sich.

Durch diese Vorgehensweise wird zunächst eine Vielzahl unterschiedlicher Lorenzkurven erzeugt. Die durch jede der Kurven gegebenen teilverrichtungsgebundenen Vorgabezeiten werden zufällig den Tätigkeiten im Vorranggraphen zugeordnet. Für jeden Vorranggraphen wird unter Anwendung von PAKAP ein Abstimmungsergebnis erzielt. Die jeweiligen Ausgleichsverluste können als Gütekriterium miteinander verglichen werden.

Der Ausgleichsverlust kann als abhängige Variable des sogenannten Gini-Koeffizienten /58/ dargestellt werden, der als Maß für die durch eine Lorenzkurve vorgegebene Konzentration der jeweiligen Merkmalsausprägungen verwendet wird. Dieser Zusammenhang ist in mehreren Simulationsexperimenten untersucht worden. Die Ergebnisse werden im folgenden Kapitel dokumentiert und interpretiert.

5.4.2 Interpretation der Ergebnisse

Als Ergebnis der Untersuchung ergibt sich eine Vielzahl von Wertepaaren aus Gini-Koeffizient und Ausgleichsverlust, wie in Bild 30 dargestellt.

Der nicht lineare Zusammenhang der beiden Größen läßt sich durch eine quadratische Regressionsgleichung beschreiben. Eine hohe Korrelation (r_{quad} = 0,84) weist auf den engen Zusammenhang von Gini-Koeffizient und Ausgleichsverlusten hin.

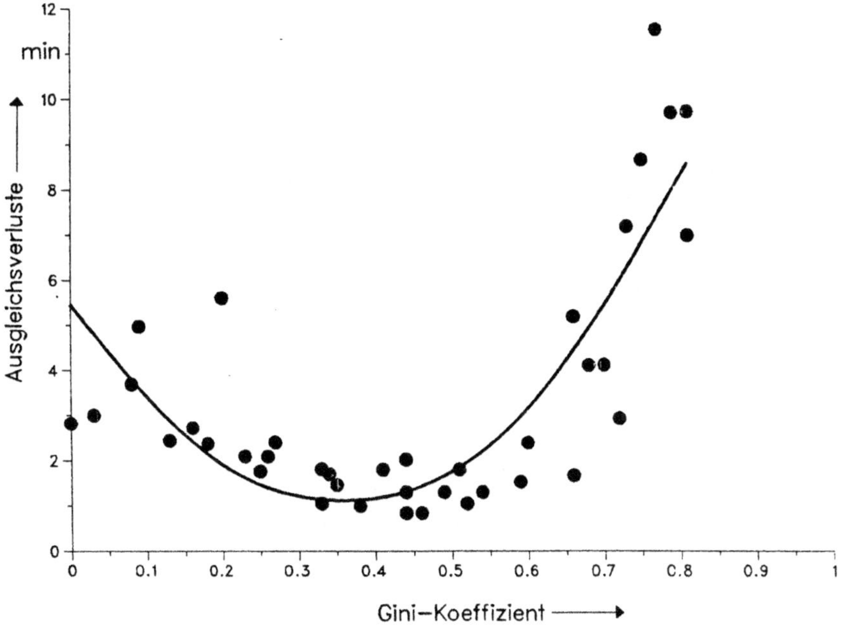

Bild 30: Zusammenhang zwischen Gini-Koeffizient und Ausgleichsverlusten

Das bedeutet, daß damit auch ein Zusammenhang zwischen der Verteilung der Gesamtvorgabezeit auf die einzelnen Tätigkeiten und dem jeweils entstehenden Ausgleichsverlust besteht.

Anhand des Diagramms läßt sich erkennen, daß die geringsten Ausgleichsverluste bei einem Gini-Koeffizienten zwischen 0,2 und 0,6 zu erwarten sind. Die diesen Bereich eingrenzenden Lorenzkurven sind in Bild 31 dargestellt. Die schraffierte Fläche zwischen den Lorenzkurven L_1 und L_2 kennzeichnet den Bereich der guten Lösungen.

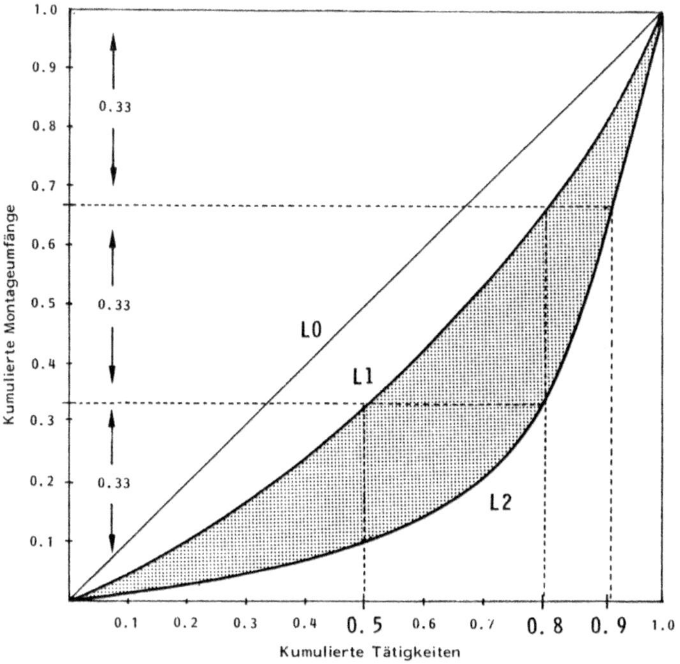

Bild 31: Darstellung der Konzentrationstendenzen bei teilverrichtungsgebundenen Vorgabezeiten

Hinsichtlich des eingangs des Kapitels angesprochenen Detaillierungsgrades eines Vorranggraphen bedeutet dies, daß bei der Aufteilung der Vorgabezeit eines Produktes

- o ca. 50 % der Tätigkeiten kleine Vorgabezeiten aufweisen sollten; sie machen zusammen ca. 30 % der gesamten Vorgabezeit aus.

- o nicht mehr als ca. 20 % der Tätigkeiten mit großen Vorgabezeiten belegt werden sollten; diese machen zusammen ebenfalls ca. 30 % der gesamten Vorgabezeit aus.

Allgemein ausgedrückt heißt das: die Montagetätigkeiten eines Produktes müssen nicht alle bis auf die Ebene der Teilverrichtungen zerlegt werden, um gute Abstimmungsergebnisse zu erzielen.

5.5 Anwendung des Verfahrens PAKAP zur ablauforientierten Kapazitätsplanung

Obwohl die Möglichkeiten des Verfahrens hauptsächlich im Planungsstadium voll genutzt werden können, kann es auch beim Betreiben eines Montagesystems eingesetzt werden (vgl. Bild 32).

ANWENDUNGSFÄLLE	
Planung	Systembetrieb
● Erprobung unterschiedlicher Systemkonzepte ● Planung von Überdimensionierung ● Einbeziehung bzw. Trennung der Vormontage ● Bildung unterschiedlicher Produktgruppen	● Kapazitätsplanung bei Veränderung von: ■ Stückzahlen ■ Personal ● Einführung neuer ■ Produkte ■ Betriebsmittel

Bild 32: Anwendungsfälle für PAKAP

Während der Planung besteht die Aufgabe, ein Montagesystem für ein bestimmtes Erzeugnisprogramm zu entwerfen, d.h. die Anpassung des Systems an die Produktionsaufgabe mit der Möglichkeit, Spielräume sowohl von Seiten des Produktes als auch des Systems zu nutzen.

Dagegen muß beim Betreiben eines Montagesystems das Produkt einem bestehenden System angepaßt werden, wobei lediglich die Planungsspielräume seitens des Produktes nutzbar sind.

Im Planungsstadium können unterschiedliche Systemkonzepte als Ergebnis aus KAPSIM hinsichtlich ihrer ablauforientierten Kapazitätsteilung verfeinert werden. Die Planung von Überdimensionierung sowie die Einbeziehung von Vormontagen in den Ablauf oder deren ablauforientierte Trennung stellen weitere Aufgaben dar. Darüber hinaus können die kapazitiven Auswirkungen bei der Bildung unterschiedlicher Produktgruppen überprüft werden.

Beim Betreiben eines Systems ist bei unterschiedlichem Kapazitätsbedarf aufgrund von Nachfrage- bzw. Stückzahlveränderungen eine Anpassung des Kapazitätsangebots erforderlich, d.h. der Arbeitsumfang muß auf eine veränderte Anzahl Mitarbeiter bei gleichbleibender oder angepaßter Stationenzahl aufgeteilt werden.

Bei der Einführung neuer Produkte auf ein bestehendes System kann zum einen eine sinnvolle Zuordnung zu einem bestimmten Teilsystem gefunden werden, zum anderen eine günstige Kapazitätsteilung auf diesem Teilsystem vorgenommen werden. Ebenso läßt sich mit dem Verfahren die Integration von neuen oder geänderten Betriebsmitteln planen.

Ein wichtiger Bestandteil bei der Anwendung des Verfahrens ist wiederum die planerische Interpretation und Umsetzung der Ergebnisse. Der Planer erhält EDV-unterstützt eine Reihe von detaillierten Lösungsalternativen zur Auswahl.

Die Umsetzung der Ergebnisse bzw. die Einleitung weiterer Schritte hängt im wesentlichen ab von der

- Kenntnis der Produktinformationen
  und der
- Kenntnis des Verfahrens.

Das bedeutet, es ist neben den im allgemeinen vorhandenen Produktkenntnissen nützlich zu wissen, welche Algorithmen die Ergebnisse beeinflussen. Andererseits bietet die Anwendung des Verfahrens den Vorteil einer schnellen Umsetzung von planerischen Veränderungen und bietet ein breites Spektrum von Alternativen.

Die aus der Interpretation gewonnenen Erkenntnisse können, wie in Bild 33 gezeigt, zu folgenden Schritten führen:

- Veränderung der Eingangsgrößen
- Veränderung der Randbedingungen
- planerische Umsetzung der Ergebnisse.

Bei der <u>Veränderung der Eingangsgrößen</u> geht es in erster Linie um die Nutzung der Spielräume in der Montageablaufstruktur. Das bedeutet, daß

- fehlende Spielräume erkannt werden. Damit können die Ergebnisse als Argumentationshilfe gegenüber z.B. der Produktkonstruktion benutzt werden.
- Grenzfälle der Zuordnung im Einzelfall vorgenommen werden. Damit wird unter Umständen auch ein eingeschränkt günstiger Montageablauf in Kauf genommen.
- Auslastungsgrenzwerte der Stationen variiert werden, um Ausgleichsverluste zu reduzieren.

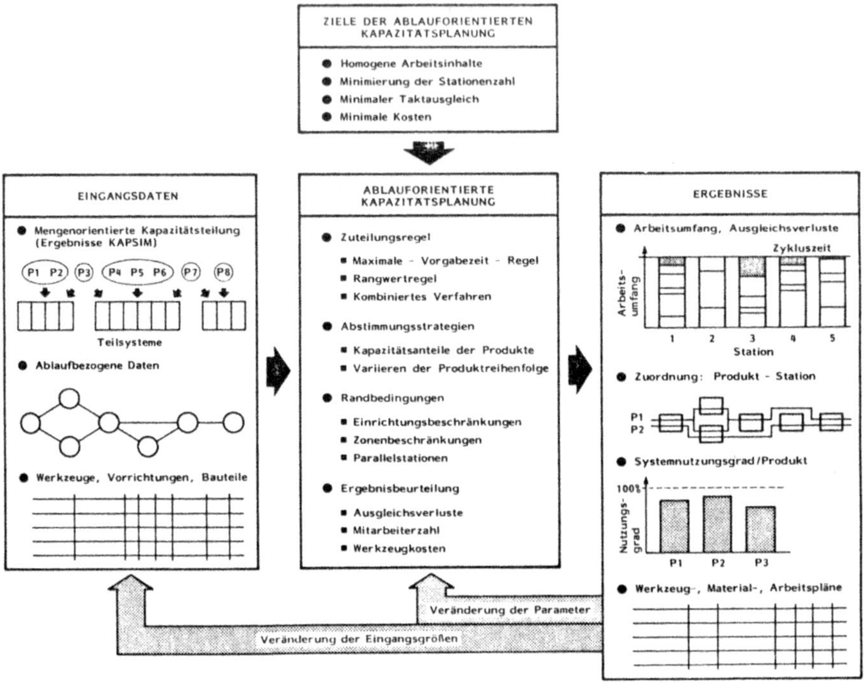

Bild 33: Anwendung des Verfahrens PAKAP

Weiter können verschiedene Einbauzeitpunkte insbesondere von Hauptbaugruppen, die ggf. vormontiert angeliefert werden können, überprüft werden, um damit die Konsequenzen für andere Montageabläufe feststellen zu können. Die Veränderung der Produktzusammenfassung auf den einzelnen Teilsystemen hat in der Regel Auswirkungen auf die Ausgleichszeit und die Bildung von Mehrfach- und typgebundenen Stationen. Zur Veränderung der Randbedingungen empfiehlt es sich, mit Extremen zu beginnen, d.h. mit möglichst wenig bzw. mit vielen Einschränkungen, um diese iterativ zu straffen bzw. zu lockern. Aus der Wahl unterschiedlicher Ausprägungen lassen sich deren Auswirkungen auf die Abschnittsbildung erkennen und ggf. sinnvolle Maßnahmenkombinationen ableiten. So ist z.B. zu erkennen, wo sich Material anhäuft, und wie diese Anhäufung aufgelöst werden kann, oder welche Auswirkungen die Zielsteuerung von Teilen - ggf. unter Erprobung unterschiedlicher Ziel- bzw. Einbauorte - auf den Montageablauf auch anderer Bereiche hat. Weiter sind direkte Eingriffe durch die Bildung von Mehrfach- und typgebundenen Stationen möglich und deren Effekte hinsichtlich Ausgleichszeit oder Abschnittsbildung erkennbar.

Die Auswirkungen der Veränderungen und deren Interpretation geben Hinweise auf Symptome guter bzw. schlechter Zuteilungsergebnisse. Darauf aufbauend können Maßnahmen eingeleitet werden - das Produkt oder aber das Montagesystem betreffend - um das Ergebnis iterativ zu verbessern.

6 Integrierte Anwendung von mengen- und ablauforientierter Kapazitätsplanung

6.1 Aufbau des Beispiels

Das beschriebene Verfahren zur mengen- und ablauforientierten Kapazitätsplanung soll zur Unterstützung der Planung einer Automobilendmontage eingesetzt werden. Insbesondere soll dabei untersucht werden, welche Auswirkungen unterschiedliche Kapazitätsteilungen auf den Kapazitätsbedarf haben und welchen Effekt die Berücksichtigung von Kapazitätsausgleich auf die Auslastungssituation des Montagesystems hat.

In Bild 34 sind die einzelnen Arbeitsschritte im Planungsablauf aufgezeigt, daraus geht auch hervor, welche Parameter zur Planung jeweils verändert werden.

Zunächst werden mehrere Systemkonzeptionen erstellt, die sich durch unterschiedliche Formen der mengenorientierten Kapazitätsteilung unterscheiden. Für diese Konzeptionen werden im nächsten Schritt die Kapazitäten unter Berücksichtigung von mengen- und ablaufbezogenen Daten ermittelt.

Das kapazitiv beste Ergebnis wird weiter verfolgt. Dazu werden mehrere Systemalternativen mit unterschiedlicher Ausprägung und Form des Kapazitätsausgleichs miteinander verglichen. Nach der Festlegung der mengen- und ablauforientierten Daten für eine bereits eingeschränkte Lösungsmenge wird eine ablauforientierte Kapazitätsteilung für die Montagestationen der einzelnen Alternativen durchgeführt. Daran schließt sich eine Kostenabschätzung an. Anhand der Kostendaten und einer anschließenden Simulation, bei der das Systemverhalten bei Veränderung z.B. der Nachfrage untersucht wird, läßt sich die günstigste Systemalternative ermitteln.

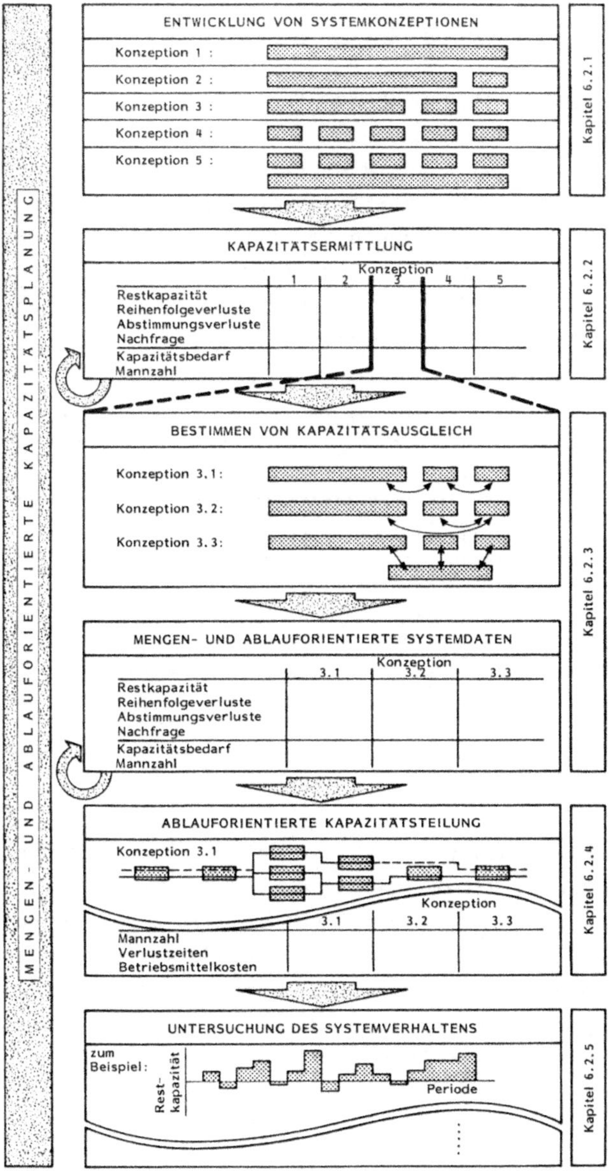

Bild 34: Anwendung der mengen- und ablauforientierten Kapazitätsplanung

6.2 Durchführung der mengen- und ablauforientieren Kapazitätsplanung

6.2.1 Entwicklung von Systemkonzeptionen

In diesem Beispiel werden 10 Fahrzeugtypen berücksichtigt. Diese lassen sich, wie in Bild 35 aufgelistet, in 5 Produktpaare untergliedern, in denen jeweils ein Typ mit Rechts- und einer mit Linkslenkung enthalten ist. Die Vorgabezeiten beider Typen sind ähnlich; die Fahrzeuge mit Rechtslenkung werden in geringer Stückzahl nachgefragt.

TYP	VORGABEZEIT [MIN/STCK]	MITTL. NACHFRAGE [MIN/ZE]
245	180.78	36156.0
246	179.00	2053.0
247	211.16	48327.0
248	202.58	621.0
251	201.55	106418.0
252	196.22	17830.0
253	257.65	190060.0
254	255.38	3422.0
255	369.78	203921.0
256	367.82	5861.0

Bild 35: Die berücksichtigten Fahrzeuge

In der Automobilindustrie ist die übliche Form der Montage die sogenannte "Model-Mix-Montage", d.h. das Produktionsprogramm ist nicht zu Losen zusammengefaßt, sondern die zu montierenden Fahrzeuge werden gemischt in der Losgröße 1 eingesteuert. Im folgenden werden entsprechend der Darstellung in Bild 36 fünf Systemkonzeptionen betrachtet, die sich hinsichtlich der mengenorientierten Kapazitätsteilung unterscheiden.

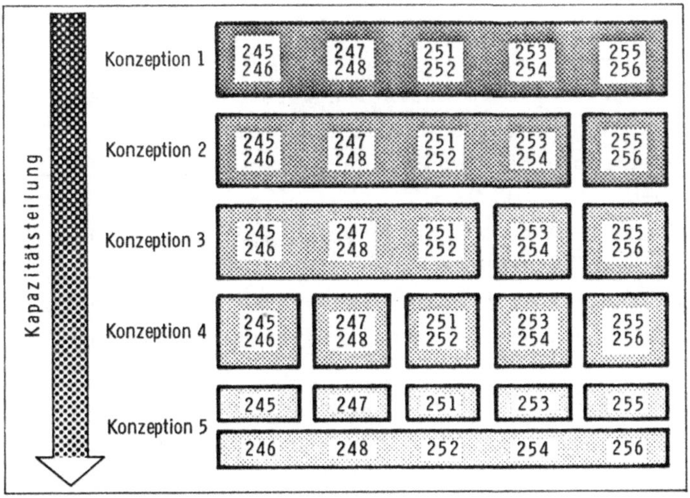

Bild 36: Systemkonzeptionen mit unterschiedlicher Kapazitätsteilung

Bei der Zuordnung der Fahrzeuge zu den einzelnen Teilsystemen wird darauf geachtet, daß die jeweils zusammengefaßten Typen ähnlich sind hinsichtlich der Vorgabezeit wie auch hinsichtlich der Montagetätigkeiten, um dadurch Unterschiede in den Stationszeiten sowie bei den Arbeitsinhalten und um damit Auslastungsschwankungen bzw. Qualifikations- und Ausstattungsunterschiede zu vermeiden.

Bei der Systemkonzeption 1 sind alle Produkte auf einem Montagesystem vereinigt. Bei zunehmender Kapazitätsteilung wird jeweils einem Produktpaar ein weiteres Teilsystem zugeordnet. Bei Konzeption 5 ist für jeden Fahrzeugtyp mit Linkslenkung ein eigenes Teilsystem vorgesehen, während alle Rechtslenker auf einem Teilsystem zusammengefaßt sind.

6.2.2 Ermittlung der Kapazität für die Systemkonzeptionen

Zum Vergleich der einzelnen Systemkonzeptionen müssen jeweils dieselben Voraussetzungen gelten.

- o In jeder Systemkonzeption wird für die Produkte jeweils derselbe Nachfrageverlauf zugrundegelegt.
- o Der Kapazitätsbedarf muß in jeder Periode erfüllt werden.
- o Auf die Berücksichtigung von Störungen wird an dieser Stelle verzichtet.
- o Aufgrund der "Model-Mix-Montage" sind die Teilsysteme auf gleichbleibende Mitarbeiterzahl ausgelegt.

Unter diesen Voraussetzungen wird für jede Systemkonzeption eine grobe Kapazitätsermittlung mit KAPSIM durchgeführt. Dazu werden für den Kapazitätsbedarf zwei Extremwerte berechnet.

1. Nachfragemenge der Produkte multipliziert mit der jeweiligen Vorgabezeit (optimistische Rechnung).
2. Nachfragemenge der einzelnen Produkte multipliziert mit der längsten Vorgabezeit der auf dem Teilsystem zusammengefaßten Produkte (pessimistische Rechnung).

Der Fall 1 spiegelt die optimale Reihenfolge wider, d.h. die Auslastungsunterschiede an den einzelnen Stationen für unterschiedliche Typen können durch die Reihenfolge der Fahrzeuge voll ausgeglichen werden. Im Fall 2 ist ein solcher Ausgleich nicht möglich. Damit wird die Streubreite des Kapazitätsbedarfs mit und ohne der Durchführung einer Reihenfolgeplanung ersichtlich, wie in Bild 37 dargestellt.

Ergebnisse der Kapazitätsermittlung sind die unter den jeweiligen Randbedingungen minimale Mitarbeiterzahl und die Zykluszeit pro Teilsystem.

In der anschließenden ablauforientierten Kapazitätsermittlung mit PAKAP werden die Montagetätigkeiten den Mitarbeitern bzw.

Stationen zugeordnet. In dieser ersten Iterationsstufe bei der Planung hat es sich bewährt, die Ausgleichsverluste und damit die Zykluszeiten für die vorgegebene Mitarbeiterzahl zu minimieren, ohne die Ähnlichkeit von Tätigkeiten unterschiedlicher Produkte zu berücksichtigen.

In der anschließenden Kapazitätsbetrachtung mit KAPSIM wird überprüft, ob unter Einbeziehung der Ausgleichsverluste die Nachfrage erfüllt werden kann. Tritt in einer Periode negative Restkapazität auf, so wird die Stationen- bzw. Mitarbeiterzahl

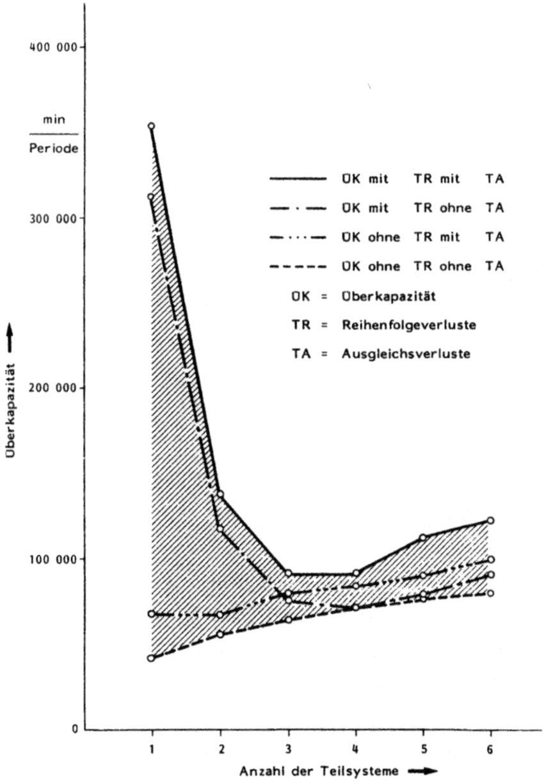

Bild 37: Ergebnisse der mengen- und ablauforientierten Kapazitätsermittlung

entsprechend erhöht und bei Bedarf eine weitere ablauforientierte Kapazitätsermittlung durchgeführt.

Dieser Iterationsprozeß ist dann abgeschlossen, wenn für jedes Teilsystem einer Systemkonzeption eine Mitarbeiterzahl bei möglichst geringer Zykluszeit gefunden ist, die es erlaubt, die Nachfrage in jeder Periode abzudecken.

Der dargestellte Zusammenhang zwischen Kapazitätsbedarf und Anzahl Teilsysteme zeigt die beschriebenen Extremfälle bei der Kapazitätsermittlung eines Teilsystems. Weiter wird deutlich, in welchem Umfang der Kapazitätsbedarf durch die Berücksichtigung der im Rahmen der ablauforientierten Kapazitätsbestimmung ermittelten Ausgleichsverluste zunimmt.

Die Konzeption 3, bei der eine Kapazitätsteilung in 3 Teilsysteme vorgenommen wurde, liefert unter Berücksichtigung der Ausgleichsverluste und der maximalen Vorgabezeit, d.h. mit Reihenfolgeverlusten kapazitiv das beste Ergebnis. Unter diesen Randbedingungen liegt man bei der Festlegung des Kapazitätsangebots auf der sicheren Seite. Diese Konzeption soll deshalb Bezugssystem sein, wenn im weiteren Planungsverlauf Systemalternativen betrachtet werden, bei denen unterschiedliche Möglichkeiten des Kapazitätsausgleichs zugelassen sind.

6.2.3 Ermittlung der Kapazität unter Berücksichtigung von Kapazitätsausgleich

In der bisherigen Betrachtung sind die Teilsysteme kapazitiv unabhängig. Im folgenden soll untersucht werden, welche kapazitiven Auswirkungen die Einführung von Kapazitätsausgleich zwischen den Teilsystemen hat. Als Ausgleichsprodukte werden solche Fahrzeuge ausgewählt, die zu den Typen der beiden verbundenen Teilsysteme möglichst geringe Vorgabezeitunterschiede aufweisen. Die Zuordnung der Fahrzeuge zu den Teilsystemen bleibt entsprechend dem Bezugssystem unverändert.

Die auf dem Bezugssystem aufbauenden Systemkonzeptionen in Bild 38 unterscheiden sich durch ihre kapazitive Verknüpfung.

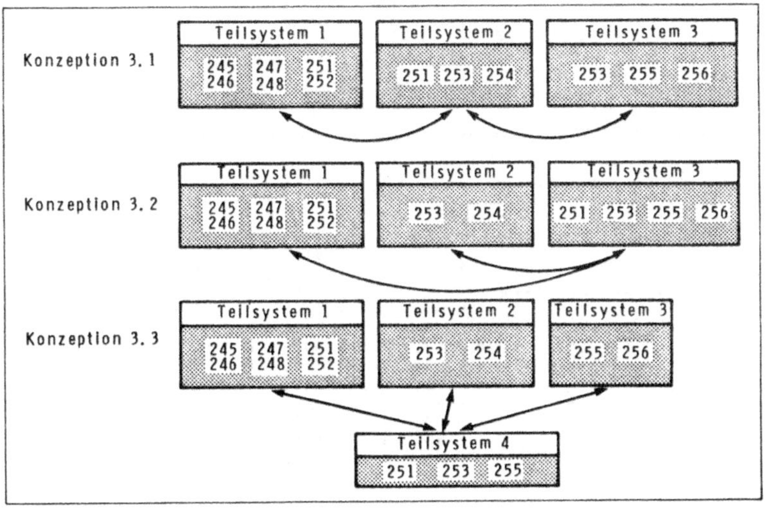

Bild 38: Systemkonzeptionen mit unterschiedlicher Verknüpfung und Kapazitätsausgleich

Die Konzeption 3.1 ist geprägt durch die Verknüpfung jeweils zweier Teilsysteme (siehe auch Bild 12) durch jeweils ein Ausgleichsprodukt, während bei Konzeption 3.2 der Ausgleich über ein Teilsystem vorgenommen wird. Bei Konzeption 3.3 wird ein weiteres Teilsystem als Kapazitätsreserve eingeführt; diesem sind ausschließlich Ausgleichsprodukte zugeordnet. Mit der Festlegung der Systemverknüpfung und der Ausgleichsprodukte ist auch das Potential an Kapazitätsausgleich bestimmt. Die Nutzung dieses Spielraumes ist abhängig von der jeweiligen Nachfrage- bzw. Auslastungssituation.

Mit der Einführung von Kapazitätsausgleich wird es erforderlich, zur Einlastung der Fahrzeuge eine Strategie auszuwählen.

In diesem Beispiel wird eine Kombination aus Strategie I "kontinuierliches Einlasten" und Strategie III "Prioritäten für Teilsysteme" gewählt (siehe Kapitel 4.2.5).

Für die einzelnen Systemkonzeptionen werden mit KAPSIM und PAKAP die in Bild 39 dargestellten Ergebnisse ermittelt.

	SYSTEMKONZEPTION			
	3.0	3.1	3.2	3.3
RESTKAPAZITAET [MIN]	45939.	44324.	43855.	46269.
NEGATIVE RESTKAP. [MIN]	3027.	0.	0.	0.
REIHENFOLGEVERLUSTE [MIN]	12965.	14547.	16902.	15504.
AUSGLEICHSVERLUSTE [MIN]	12795.	12828.	10942.	9926.
NACHFRAGE [MIN]	614701.	614701.	614701.	614701.
KAPAZITAETSANGEBOT [MIN]	686400.	686400.	686400.	686400.
ANZAHL DER MITARBEITER	165	165	165	165

Bild 39: Ergebnisse der Kapazitätsermittlung

Das erforderliche Kapazitätsangebot ist bei den Systemkonzeptionen 3.1, 3.2 und 3.3 gleich. Zur Vergleichbarkeit wird das Kapazitätsangebot des Bezugssystems entsprechend angepaßt. Beim Bezugssystem verbleibt nach Zuteilung der Fahrzeuge zwar insgesamt eine relativ hohe Restkapazität, in einigen Perioden kann jedoch die Nachfrage aufgrund der fehlenden Ausgleichsmöglichkeiten zwischen den Teilsystemen nicht befriedigt werden; es tritt negative Restkapazität auf (vgl. Bild 39). Bei den Konzeptionen 3.1, 3.2 und 3.3 tritt dagegen keine negative Restkapazität auf, d.h. die Nachfrage kann jederzeit gedeckt werden, da zwischen den Teilsystemen Kapazitätsspitzen ausgeglichen werden können.

6.2.4 Ablauforientierte Kapazitätsteilung

Die Anwendung von PAKAP im Rahmen der ablauforientierten Kapazitätsplanung erfolgt in zwei Iterationsstufen. Bei der ersten

Stufe werden bei der Zuteilung von Teilverrichtungen zu Arbeitsstationen bzw. Mitarbeitern möglichst wenig Randbedingungen berücksichtigt. Basis der Zuteilung ist die Montageablaufstruktur des einzelnen Produktes unter Nutzung aller Spielräume, die durch den Produktaufbau gegeben sind.

Dieses Vorgehen wird insbesondere bei der Kapazitätsermittlung im Rahmen der mengenorientierten Kapazitätsplanung angewandt und hat sich so bewährt. Im ersten Schritt soll ein möglichst breites Spektrum an vergleichbaren Lösungen geschaffen werden, um eine für die Aufgabenstellung günstige Lösungsmenge zu ermitteln. Dabei wird weitgehend auf eine Detaillierung der einzelnen Lösungen verzichtet.

In der zweiten Iterationsstufe mit eingeschränktem Lösungsfeld kommt es darauf an, die Tätigkeiten aller auf dem Teilsystem zusammengefaßten Produkte, die gleich oder ähnlich sind, auch derselben Station oder demselben Stationsbereich zuzuordnen. Dieses Vorgehen wird für das kapazitiv kleinste Teilsystem der Konzeption 3.3 beschrieben, auf dem die Ausgleichsprodukte aller Teilsysteme zusammengefaßt sind; für ein Teilsystem also, dessen Produktspektrum nicht so homogen ist wie auf den anderen Teilsystemen.

Die Ausgangssituation für die ablauforientierte Kapazitätsteilung ist eine Mitarbeiter- bzw. Stationszuordnung, wie sie im Kapazitätsfeld in Bild 40 dargestellt ist.

Wie aus Bild 40 hervorgeht, werden von den Typen 251 und 253 an bestimmten Stellen Mehrfach-Stationen eröffnet, die bei Typ 255 nicht benötigt werden. Da Typ 255 jedoch das Produkt mit den meisten Teilverrichtungen, die auch bei den anderen Produkten vorkommen, und der größten Gesamtvorgabezeit ist, soll es als das die Montagestruktur bestimmende Produkt dienen.

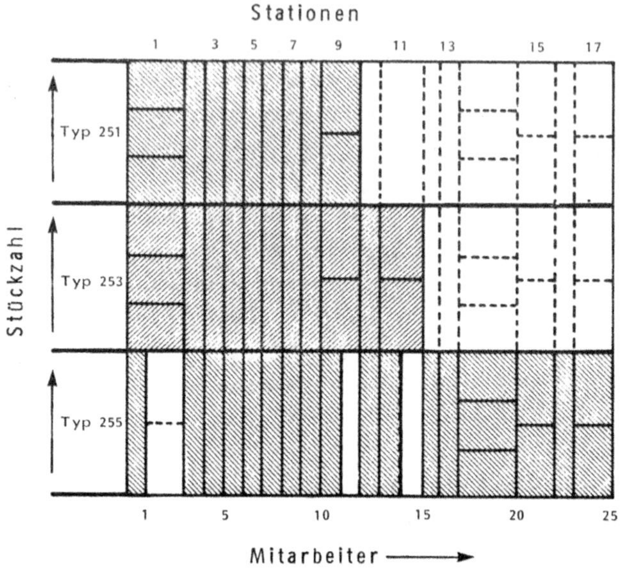

Bild 40: Kapazitätsfeld für Teilsystem 4 der Konzeption 3.3

Da sich die 3-fach-Station im Stationsbereich 1 bei den Typen 251 und 253 nicht vermeiden läßt, wird die Struktur des Montagesystems für Typ 255 entsprechend angepaßt. Dies geschieht dadurch, daß ein Anfangselement von 255 ebenfalls eine 3-fach-Station an dieser Stelle eröffnet (vgl. Bild 41). Dadurch ändert sich das Kapazitätsfeld dahingehend, daß nur noch 15 Stationen bei maximal 23 Mitarbeitern erforderlich sind.

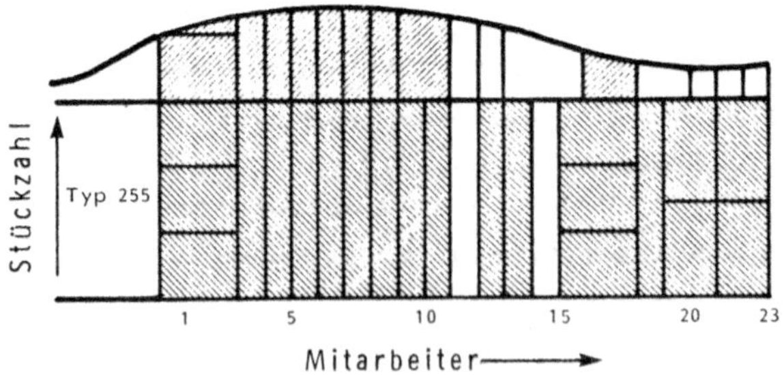

Bild 41: Modifiziertes Kapazitätsfeld für Typ 255

Durch die Bildung der 3-fach-Station im Stationsbereich 1 auch für Produkt 255 und die damit verbundene Anreicherung dieses Bereiches mit Teilverrichtungen, wird auch die Verteilung der Werkzeuge und Vorrichtungen beeinflußt. Wie aus Bild 42 hervorgeht, sind dem Stationsbereich 1 zwei weitere Werkzeuge - DL 1 und DL 2 - zugewiesen worden, die zuvor an den Einfachstationen 2 bzw. 3 waren. Durch deren Zuordnung an eine Mehrfachstation fallen die Investitionen auch mehrfach an. Die Parallelschaltung von Stationen in ausstattungsarmen Bereichen ist jedoch wenig kostenwirksam.

Vor der Anpassung

```
V E R T E I L U N G   D E R   W E R K Z E U G E
WERKZEUGE                               INVEST.

PRL    PRESSLUFT
VR1    VORRICHTUNG SCHEIBENEINBAU
VR2    FIXIERVORRICHTUNG
KLP    KLEBERPISTOLE
                                        8500 DM

PRL    PRESSLUFT
VR1    VORRICHTUNG SCHEIBENEINBAU
VR2    FIXIERVORRICHTUNG
KLP    KLEBERPISTOLE
                                        8500 DM

PRL    PRESSLUFT
VR1    VORRICHTUNG SCHEIBENEINBAU
VR2    FIXIERVORRICHTUNG
KLP    KLEBERPISTOLE
                                        8500 DM
```

Nach der Anpassung

```
V E R T E I L U N G   D E R   W E R K Z E U G E
WERKZEUGE                               INVEST.

PRL    PRESSLUFT
VR1    VORRICHTUNG SCHEIBENEINBAU
VR2    FIXIERVORRICHTUNG
DL1    DRUCKLUFTSCHRAUBER
DL2    DRUCKLUFTSCHRAUBER
KLP    KLEBERPISTOLE
                                       11500 DM

PRL    PRESSLUFT
VR1    VORRICHTUNG SCHEIBENEINBAU
VR2    FIXIERVORRICHTUNG
DL1    DRUCKLUFTSCHRAUBER
DL2    DRUCKLUFTSCHRAUBER
KLP    KLEBERPISTOLE
                                       11500 DM

PRL    PRESSLUFT
VR1    VORRICHTUNG SCHEIBENEINBAU
VR2    FIXIERVORRICHTUNG
DL1    DRUCKLUFTSCHRAUBER
DL2    DRUCKLUFTSCHRAUBER
KLP    KLEBERPISTOLE
                                       11500 DM
```

Bild 42: Werkzeuge im Stationsbereich 1

Für ein Montagesystem, in dem in großen Losen montiert werden soll, wäre dieses Ergebnis bereits eine günstige Lösung. Bei der Montage der Typen 253 und 251 wird lediglich der vordere Abschnitt des Systems belegt. Die verbleibenden Mitarbeiter könnten in diesem Fall - eine ausreichende zeitliche Dauer vorausgesetzt - für andere Aufgaben eingesetzt werden.

Im vorliegenden Fall einer "Model-Mix-Montage" mit Losgröße 1 ist dieser Spielraum zur Disposition der Mitarbeiter nicht gegeben.

Hier wird angestrebt, die Teilverrichtungen der einzelnen Produkte möglichst homogen auf die Stationen aufzuteilen. Dies bedeutet auch eine gleichmäßigere Auslastung der Mitarbeiter.

Neben dieser Zielsetzung wird im nächsten Schritt versucht, ähnliche Teilverrichtungen der unterschiedlichen Typen denselben Stationsbereichen zuzuordnen. Um dies zu erreichen, ist es sinnvoll, sich auf bestimmte Knotenpunkte innerhalb des Vorranggraphen zu konzentrieren; für die Teilverrichtungen an diesen Knotenpunkten werden Stammstationen definiert.

Das bedeutet, daß diese Teilverrichtungen der einzelnen Produkte immer diesen Stationen zugeordnet werden und daß die folgenden Teilverrichtungen nur den nachgelagerten Stationen zugeteilt werden können. Damit wird abschließend ein Montagesystem entsprechend dem Kapazitätsfeld in Bild 43 geschaffen.

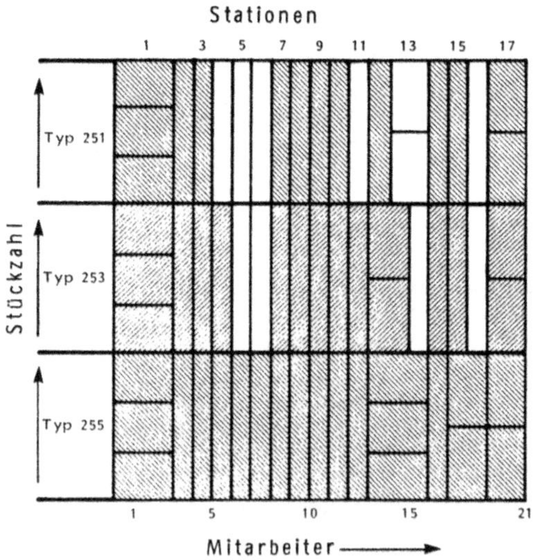

Bild 43: Ergebnis der ablauforientierten Kapazitätsteilung

Die größere Homogenität des durch diese Maßnahmen gewonnenen Montagesystems wird nicht nur im Kapazitätsfeld deutlich, sondern läßt sich wie in Bild 44 dargestellt auch anhand der veränderten Werkzeugverteilung veranschaulichen.

Dadurch, daß gleiche oder ähnliche Teilverrichtungen verschiedener Produkte zunächst an unterschiedlichen Stationen gebunden waren, kamen auch deren benötigte Werkzeuge an mehreren Stellen des Teilsystems vor. So wurden die Werkzeuge VR 3, VR 4 und KAS an den Stationen 5, 7 und der Dreifach-Station 12 benötigt.

In dem in Bild 44 dargestellten Ergebnis kommen diese Werkzeuge nur noch im Stationsbereich 12 vor, was zu einer erheblichen Kostenreduzierung führt. Das zeigt auch, daß es in anlagenintensiven Bereichen besonders wichtig ist, gleiche Teilverrichtungen bzw. Werkzeuge denselben Stationen zuzuordnen.

Vor der Anpassung

```
----------------------------------------------------------
         V E R T E I L U N G   D E R   W E R K Z E U G E
----------------------------------------------------------
STATION  WERKZEUGE                                 INVEST.
----------------------------------------------------------
   ⋮
----------------------------------------------------------
   5
        VR3        HEBEVORRICHTUNG HINTERACHSE
        VR4        EINBAUVORRICHTUNG (HUBTISCH)
        KAS        KNICKARMSCHRAUBER
                                                  92500 DM
----------------------------------------------------------
   6
                                                      0 DM
----------------------------------------------------------
   7
        DL3        DRUCKLUFTSCHRAUBER
        VR5        HEBEVORRICHTUNG (800KG)
        VR6        EINBAUVORRICHTUNG TRIEBSATZ
        VR7        SPANNVORRICHTUNG
        DMS        DREHMOMENTSCHRAUBER
        VR3        HEBEVORRICHTUNG HINTERACHSE
        VR4        EINBAUVORRICHTUNG (HUBTISCH)
        KAS        KNICKARMSCHRAUBER
                                                 193500 DM
----------------------------------------------------------
   ⋮
----------------------------------------------------------
  12
        VR3        HEBEVORRICHTUNG HINTERACHSE
        VR4        EINBAUVORRICHTUNG (HUBTISCH)
        KAS        KNICKARMSCHRAUBER
                                                  92500 DM
----------------------------------------------------------
  12
        VR3        HEBEVORRICHTUNG HINTERACHSE
        VR4        EINBAUVORRICHTUNG (HUBTISCH)
        KAS        KNICKARMSCHRAUBER
                                                  92500 DM
----------------------------------------------------------
  12
        VR3        HEBEVORRICHTUNG HINTERACHSE
        VR4        EINBAUVORRICHTUNG (HUBTISCH)
        KAS        KNICKARMSCHRAUBER
                                                  92500 DM
----------------------------------------------------------
```

Nach der Anpassung

```
----------------------------------------------------------
         V E R T E I L U N G   D E R   W E R K Z E U G E
----------------------------------------------------------
STATION  WERKZEUGE                                 INVEST.
----------------------------------------------------------
   ⋮
----------------------------------------------------------
   5
                                                      0 DM
----------------------------------------------------------
   6
                                                      0 DM
----------------------------------------------------------
   7
        DL3        DRUCKLUFTSCHRAUBER
        VR5        HEBEVORRICHTUNG (800KG)
        VR6        EINBAUVORRICHTUNG TRIEBSATZ
        VR7        SPANNVORRICHTUNG
        DMS        DREHMOMENTSCHRAUBER
                                                 101000 DM
----------------------------------------------------------
   ⋮
----------------------------------------------------------
  12
        VR3        HEBEVORRICHTUNG HINTERACHSE
        VR4        EINBAUVORRICHTUNG (HUBTISCH)
        KAS        KNICKARMSCHRAUBER
                                                  92500 DM
----------------------------------------------------------
  12
        VR3        HEBEVORRICHTUNG HINTERACHSE
        VR4        EINBAUVORRICHTUNG (HUBTISCH)
        KAS        KNICKARMSCHRAUBER
                                                  92500 DM
----------------------------------------------------------
  12
        VR3        HEBEVORRICHTUNG HINTERACHSE
        VR4        EINBAUVORRICHTUNG (HUBTISCH)
        KAS        KNICKARMSCHRAUBER
                                                  92500 DM
----------------------------------------------------------
```

Bild 44: Werkzeuge in den Stationsbereichen 5, 6, 7 und 12

Das zuletzt erzielte Ergebnis unterscheidet sich von dem in Bild 40 dargestellten ersten Anwendungsschritt:

- o Es werden noch 21 Mitarbeiter auf 15 Stationen bzw. Stationsbereichen benötigt gegenüber 25 Mitarbeiter auf 17 Stationsbereichen.
- o Die Montagetätigkeiten für die Typen 251 und 253 sind gleichmäßiger über die Stationen verteilt.
- o Bei der Montage des umfangreichsten Fahrzeuges können alle Mitarbeiter bzw. Stationen eingesetzt werden.
- o Die Investitionsausgaben für Werkzeuge und Vorrichtungen sind erheblich reduziert worden.

6.2.5 Untersuchungen zum Systemverhalten

Die zuvor konzipierten Lösungsalternativen sollen zur Unterstützung bei der Lösungsauswahl weiter untersucht werden, wie sie auf Veränderungen der Produktionsbedingungen reagieren. Die Anforderungen an das Montagesystem werden bestimmt durch die Erfahrungen des Unternehmens aus der Vergangenheit bzw. den zukünftigen Erwartungen.

Im einzelnen sollen die Systeme hinsichtlich folgender markt- bzw. produktionsseitiger Veränderungen untersucht werden:

- o Nachfrageschwankungen pro Produkt und Planungsperiode,
- o Nachfragemenge einzelner Produkte,
  - Reduzierung der Rechtslenker
  - Erhöhung der Nachfrage eines Fahrzeugtyps mit hoher Ausstattung
- o Berücksichtigung von Störungen und
- o Einführung eines Fahrzeuges mit stark abweichender Montageablaufstruktur (Die Übernahme eines Fahrzeuges aus einem anderen Unternehmensbereich ist geplant.).

Zunächst soll das Verhalten bei unterschiedlichen Nachfrageverläufen betrachtet werden. Dazu werden für alle Produkte mehrere Nachfragereihen simuliert, wobei jedoch die Nachfragemenge insgesamt gleich bleibt.

Wie aus Bild 45 hervorgeht, reagieren die einzelnen Lösungsalternativen auf diese Flexibilitätsanforderung mit einem ähnlichen Verlauf der Restkapazitäten.

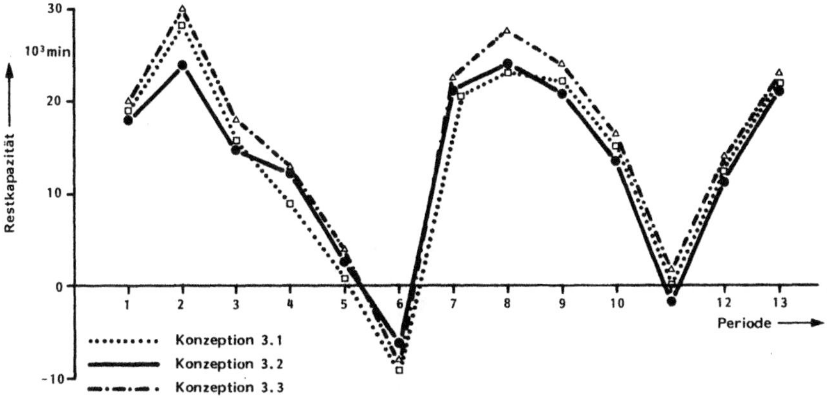

Bild 45: Vergleich der durchschnittlichen Restkapazitätsverläufe

Bei einer weiteren Untersuchung soll die Nachfragemenge einzelner Fahrzeugtypen variiert werden. Dazu werden zwei Versuche durchgeführt. Bei Versuch 1 werden die Stückzahlen der Basisprodukte Typ 247 (Rechtslenker) und Typ 254 (Ausstattungsvariante) der Teilsysteme 1 bzw. 2 vermindert bzw. heraufgesetzt. Entsprechend wird bei Versuch 2 die Nachfrage der Fahrzeugtypen 245 (Rechtslenker) und 256 (Ausstattungsvariante) auf den Teilsystemen 1 und 3 reduziert bzw. erhöht. Der Anteil, um den die Stückzahlen bei einem Fahrzeug vermindert werden, entspricht ungefähr dem zu erhöhenden Anteil des anderen.

Anhand der durchschnittlichen negativen Restkapazität pro Periode in Bild 46 kann man erkennen, daß die Konzeptionen 3.1 und 3.2 auf die modifizierten Stückzahlanforderungen gleich reagieren, während die Konzeption 3.3 den veränderten Bedingungen besser anzupassen ist.

Der Versuch 2 - betroffen sind jeweils Teilsystem 1 und 3 - wird insgesamt von allen Alternativen besser kompensiert als die Veränderungen bei Versuch 1, wo Teilsystem 1 und 2 berührt werden.

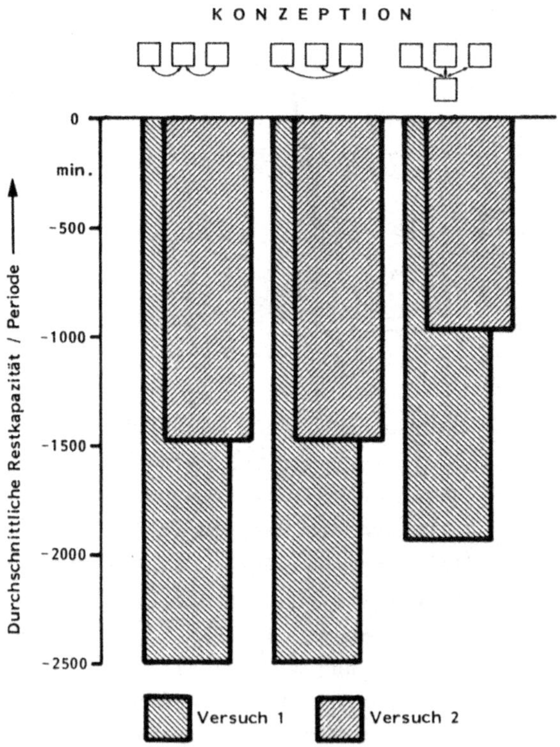

Bild 46: Vergleich der negativen Restkapazitäten bei Variation der Stückzahlanforderungen

Die höhere Flexibilität der Lösung 3.3 ist zu begründen mit der Anzahl an Ausgleichsprodukten (drei anstatt zwei bei 3.1 und 3.2). Damit ist auch das Potential an Kapazitätsausgleich größer.

Der weitere Vorteil liegt in dem kleineren Teilsystem; die hohe Ausstattungsvariante kann von diesem kapazitiv kleinen Teilsystem vom Montageablauf her gut aufgenommen werden. Die Unterschiede in der Montageablaufstruktur lassen sich auf wenige Stationen konzentrieren.

Zur Untersuchung des Störverhaltens der Montagesysteme wird ein Störprofil erzeugt mit einem mittleren Störabstand von 120 Minuten und einer durchschnittlichen Stördauer von 10 Minuten (Bild 47).

```
STOERPROFIL SYSTEM 3
====================

NUTZBARE KAPAZITAET: ... STOERUNG : SSS

KAPAZITAET(MIN)
     245440 I------------------------------------------------------------ STARTKAP
     245400 I  SSS SSS SSS SSS SSS SSS SSS SSS SSS SSS SSS SSS SSS SSS SSS
     244173 I  SSS SSS SSS SSS SSS SSS SSS SSS SSS SSS SSS SSS SSS SSS SSS
     242946 I  SSS SSS SSS SSS SSS SSS SSS SSS SSS SSS SSS SSS SSS SSS SSS
     241719 I  SSS SSS SSS SSS SSS SSS SSS SSS SSS SSS SSS SSS SSS SSS SSS
     240492 I  SSS SSS ... ... ... SSS SSS SSS SSS SSS ... SSS SSS SSS SSS
     239265 I  ... SSS ... ... ... SSS SSS SSS SSS SSS ... SSS SSS SSS SSS
     238038 I  ... SSS ... ... ... SSS SSS SSS ... SSS ... SSS ... SSS SSS
     236811 I  ... SSS ... ... ... SSS ... SSS ... SSS ... ... ... SSS SSS
     235584 I  ... SSS ... ... ... ... ... ... ... SSS ... ... ... SSS ...
     234357 I  ... SSS ... ... ... ... ... ... ... SSS ... ... ... SSS ...
     233130 I  ... SSS ... ... ... ... ... ... ... SSS ... ... ... SSS ...
     231903 I  ... SSS ... ... ... ... ... ... ... SSS ... ... ... SSS ...
     230676 I  ... SSS ... ... ... ... ... ... ... SSS ... ... ... ... ...
     229449 I  ... ... ... ... ... ... ... ... ... SSS ... ... ... ... ...
     228222 I  ... ... ... ... ... ... ... ... ... ... ... ... ... ... ...
            .  ... ... ... ... ... ... ... ... ... ... ... ... ... ... ...
            .  ... ... ... ... ... ... ... ... ... ... ... ... ... ... ...
            .  ... ... ... ... ... ... ... ... ... ... ... ... ... ... ...
          0 I---------------------------------------------------------------
               1   2   3   4   5   6   7   8   9  10  11  12  13  14  15  PERIODE

PROZENT:      2.4 6.6 1.8 2.2 1.8 4.0 3.5 3.8 3.2 7.1 2.0 3.3 3.1 5.8 4.0
```

Bild 47: Verteilung und prozentualer Anteil der Störungen

Die so verteilten Störungen werden jeweils auf das Teilsystem 3 der einzelnen Lösungen moduliert. Als Ergebnis erhält man einen Restkapazitätsverlauf, der zeigt, daß bei den Konzeptionen 3.1 und 3.2 die Nachfrage nicht in allen Perioden erfüllt werden kann. Bild 48 zeigt beispielhaft den Restkapazitätsverlauf bei Konzeption 3.2. Bei Systemalternative 3.3 treten dagegen keine negativen Restkapazitäten auf.

Die Ursache liegt darin, daß in kapazitiv kleinen Teilsystemen die Auswirkungen von Störungen geringer sind, da über die gleiche Zeitdauer weniger Stationen betroffen sind als bei einem großen System.

<u>Bild 48:</u> Darstellung des Restkapazitätsverlaufes eines Teilsystems der Systemkonzeption 3.2

Zusammenfassend ist zu bemerken, daß die Systemkonzeption 3.3 insgesamt am flexibelsten auf Nachfrageveränderungen und Störungen reagiert, während sich die beiden anderen Konzeptionen ungefähr gleich verhalten.

Realisiert werden soll ein Montagesystem, bei dem ein kapazitiv kleines Teilsystem zugeschaltet werden kann. Dort sollen Fahrzeuge mit einer von den übrigen Typen abweichenden Montageablaufstruktur - auch neue Produkte - montiert und Nachfrageschwankungen aufgefangen werden. Damit können die anderen Teilsysteme gleichmäßiger ausgelastet werden.

6.3 Zusammenfassende Ergebnisse und Planungshinweise

Die Ergebnisse aus diesem Beispiel lassen sich zu prinzipiellen Aussagen zusammenfassen, die in drei Schritten erläutert werden.

1. Verhalten einzelner Kapazitätsgrößen bei zunehmender Kapazitätsteilung ohne Kapazitätsausgleich.

2. Verhalten der Kapazitätsgrößen bei Einführung von Kapazitätsausgleich.

3. Vergleich unterschiedlicher Systemkonzeptionen.

Das Verhalten der Kapazität bei zunehmender Teilung ist in Bild 49 dargestellt. Daraus lassen sich folgende Aussagen ableiten:

- Der Kapazitätsbedarf nimmt bei zunehmender Kapazitätsteilung und unter Vernachlässigung der Verlustzeiten zu.

In Bild 49 wird dieser Zusammenhang ausgedrückt durch den Anstieg der Restkapazität bei zunehmender Kapazitätsteilung bzw. Anzahl von Teilsystemen.

Je weniger Produkte auf einem Teilsystem zusammengefaßt sind, desto größer muß - ohne Berücksichtigung anderer Randbedingungen - der Anteil der Überkapazität am Kapazitätsbedarf werden, um die Nachfrageschwankungen der einzelnen Produkte kapazitiv auszugleichen bzw. abzudecken. Nach Einlasten der Produkte oder der Aufträge bleibt daher mit zunehmender Kapazitätsteilung im Durchschnitt ein zunehmender Anteil an nicht nutzbarer Restkapazität. Dieser Anteil wird umso größer, je größer die Schwankungsbreite der Nachfrageverläufe ist.

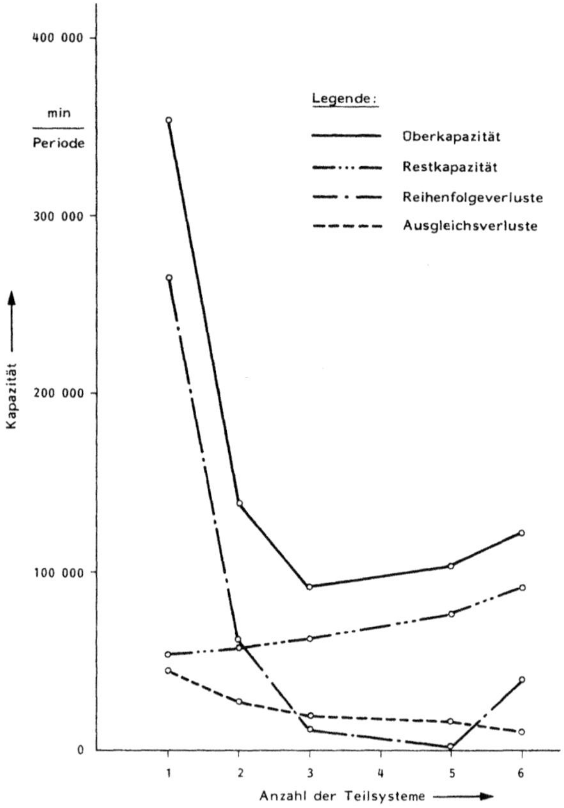

Bild 49: Verhalten einzelner Kapazitätsgrößen bei zunehmender Kapazitätsteilung

o Die Verlustzeiten nehmen mit zunehmender Kapazitätsteilung ab.

Die Reihenfolgeverluste werden geringer, je weniger Produkte auf einem Teilsystem montiert werden. Die Zusammenfassung weniger, in sich homogener Produkte auf einem Teilsystem schafft die Möglichkeit, Vorgabezeitunterschiede zwischen diesen Produkten zu vermeiden. (Bei losweiser Montage fallen zwischen den einzelnen Losen Rüstzeiten an). Bei zunehmender Kapazitätsteilung nimmt das Kapazitätsangebot bzw. die erforderliche Anzahl Mitarbeiter pro Teilsystem ab. Das bedeutet, daß die Zykluszeit pro Station bzw. Mitarbeiter zunimmt und daß damit die Ausgleichsverluste abnehmen /67/.

o Ausgehend von einem System, auf dem das gesamte Erzeugnisprogramm montiert wird, nimmt der Kapazitätsbedarf bzw. in Abhängigkeit davon die erforderliche Überkapazität bei zunehmender Kapazitätsteilung zunächst stark ab aufgrund des degressiven Verlaufs der Kapazitätsverluste.
Ab einem bestimmten Teilungsgrad nimmt der Bedarf an Überkapazität wieder leicht zu. Dieser zusätzliche Kapazitätsbedarf ist erforderlich aufgrund der durch Nachfrageschwankungen entstehenden nicht nutzbaren Restkapazitäten.

Wird Kapazitätsausgleich zwischen den Teilsystemen zugelassen, so hat sich entsprechend Bild 39 gezeigt:

o Der Kapazitätsbedarf nimmt bei Einführung von Kapazitätsausgleich ab.

Im Gegensatz zum vorher beschriebenen Fall ohne Kapazitätsausgleich lassen sich hier Nachfrageschwankungen der einzelnen Produkte zwischen den einzelnen Teilsystemen ausgleichen. Damit wird der Restkapazitätsanteil am Kapazitätsangebot geringer.

- Die Ausgleichsverluste lassen sich durch Kapazitätsausgleich reduzieren.

Das liegt zum einen an dem reduzierten Kapazitätsbedarf und den damit verbundenen Auswirkungen auf die Ausgleichsverluste entsprechend dem oben beschriebenen Zusammenhang. Zum anderen läßt sich durch den Kapazitätsausgleich eine Auslastungssituation und damit verbunden eine Zykluszeit für die Teilsysteme herbeiführen, die hinsichtlich der Ausgleichsverluste günstig ist.

- Die Reihenfolgeverluste erhöhen sich durch Kapazitätsausgleich, da die Anzahl der Produkte pro Teilsystem ansteigt.

Aus dem Vergleich der Systemkonzeptionen bei gleicher Kapazitätsteilung und mit Kapazitätsausgleich läßt sich feststellen, daß sich bezogen auf das Gesamtsystem Verlustzeiten durch die Bereitstellung eines kapazitiv kleinen Teilsystems für Sonderprodukte reduzieren lassen.

7 Zusammenfassung

Bei der Konzeption von Montagesystemen muß bereits in einem frühen Stadium der Planung entschieden werden, welche Produkte und Nachfragemengen welchen Systemen zugeordnet und welche Montagetätigkeiten an welchen Stationen bzw. von welchen Mitarbeitern ausgeführt werden sollen. Zur Unterstützung in dieser Planungsphase ist das beschriebene Verfahren zur mengen- und ablauforientierten Kapazitätsplanung entwickelt worden. Dabei werden auch Anforderungen des Systembetriebs berücksichtigt; damit wird sichergestellt, daß die installierte Kapazität eines Systems im Stadium des Betreibens auch organisatorisch genutzt werden kann.

Aufbauend auf der Struktur eines Montagesystems und dessen Systemelemente werden Maßnahmen zur Kapazitätsplanung abgeleitet. Im wesentlichen sind dies die Kapazitätsteilung von Montagesystemen in einzelne Teilsysteme bzw. in Montageabschnitte und Stationen sowie der Kapazitätsausgleich zwischen Teilsystemen.

Im Rahmen der mengenorientierten Kapazitätsplanung werden die Teilsysteme und deren kapazitive Verknüpfung mit Hilfe des Programmsystems KAPSIM festgelegt unter Berücksichtigung von Kapazitätsausgleich und Überkapazität. Der Hinweis zur Bildung der Teilsysteme basiert dabei auf den Möglichkeiten, das Erzeugnisprogramm in unterschiedliche Produktgruppen aufzuteilen.

In der ablauforientierten Kapazitätsplanung werden für die einzelnen Teilsysteme Art und Anzahl der Montagestationen sowie deren kapazitive Verknüpfung bestimmt. Dabei wird mit dem Programmsystem PAKAP das Ziel verfolgt, gleiche Teilverrichtungen, Werkzeuge und gleiches Material denselben Stationen bzw. Mitarbeitern zuzuordnen. Unterschiede im Montageablauf der Produkte können dazu führen, daß typgebundene Stationen gebildet werden, die nicht von allen Produkten belegt werden.

Das im Rahmen dieser Arbeit vertretene Prinzip, mehrere Lösungsalternativen zu betrachten, führt dazu, daß die Vor- und Nachteile der einzelnen Lösungen transparent werden und deren Gegenüberstellung zur Bildung weiterer Alternativen anregt.

Die Unterstützung durch die Programmsysteme KAPSIM (mengenorientiert) und PAKAP (ablauforientiert) ermöglicht die detaillierte Ausplanung der einzelnen Alternativen. Im Rahmen der Simulation können die Systeme überprüft werden, wie sie sich bei veränderten Randbedingungen seitens des Marktes verhalten und welche Auswirkungen unterschiedliche Strategien der Steuerung auf die Auslastung der Teilsysteme bzw. des Gesamtsystems haben.

Die integrierte Anwendung von KAPSIM und PAKAP zeigt, wie die Verfahren iterativ eingesetzt werden und welche Eingriffsmöglichkeiten in den Planungsprozeß der Benutzer hat.

Verschiedene Anwendungen der Verfahren und die Analyse der Ergebnisse machen deutlich, daß mit zunehmender Kapazitätsteilung die zu erwartenden Kapazitätsverluste abnehmen und daß der Kapazitätsbedarf bei sinnvoller Verknüpfung der Teilsysteme durch Kapazitätsausgleich reduziert werden kann. Daraus ergeben sich Hinweise zur Konzeption von Montagesystemen bzw. zur Einschätzung und Umsetzung von Maßnahmen bzw. Maßnahmenkombinationen.

Eine weitere Analyse zeigt, daß die Verteilung der teilverrichtungsgebundenen Vorgabezeiten die ablauforientierte Kapazitätsplanung beeinflußt. Aus den Ergebnissen geht hervor, daß bei einem ausgeglichenen Verhältnis zwischen kleinen, mittleren und großen Vorgabezeiten der einzelnen Teilverrichtungen die Ausgleichsverluste am geringsten sind.

Die mengen- und ablauforientierte Kapazitätsplanung ist als Bestandteil eines übergeordneten Planungsprozesses zu betrachten und ist schwerpunktmäßig zur Grobkonzeption von Montagesystemen bestimmt. Die Entwicklung dieses Verfahrens ist im

Zusammenhang zu sehen mit der Integration weiterer Verfahren in den Planungsprozeß bis hin zur Feinplanung von Montagesystemen, wie zum Beispiel die Ergänzung um ein Verfahren zur Ermittlung der Vorgabezeit von Montagetätigkeiten oder auch die weitere Verfeinerung des Simulationsmodells um Ansätze der Werkstattsteuerung.

SCHRIFTTUM

/1/ Bullinger, H.-J. Rationalisierungspotentiale richtig erkennen, Vorgehensweise zur Planung und Realisierung von Fertigungssystemen. Technische Rundschau, 76 (1984) Nr. 12, 5 - 7.

/2/ Bullinger, H.-J.; Warnecke, H.J.; Lentes, H.-P.: Toward the Factory of the Future. Toward the Factory of the Future, Bullinger, H.-J; Warnecke, H.J. (eds.), Berlin, Heidelberg, New York, Tokyo: Springer Verlag, 1985

/3/ Schaefer, F.-W.: System zur Planung und Nutzung der Flexibilität in der Fertigung: ein Beitrag zur Verbesserung der Reaktionsfähigkeit von Unternehmen. Aachen: Technische Hochschule, Dissertation 1980

/4/ Hauschildt, J.; u.a.: Entscheidungen der Geschäftsführung. Tübingen: JCB Mohr Verlag, 1983

/5/ Kilger, W.; Scheer, A.W.: Investitions- und Finanzplanung im Wandel der Konjunktur. Kilger, W.; Scheer, A.W. (Hrsg.) Würzburg, Wien: Physica Verlag, 1981

/6/ Bullinger, H.-J.: Vorgehensweise zur Planung und Realisierung von Fertigungssystemen. in: Wettbewerbsfähige Arbeitssysteme, Vorträge der 2. IAO-Arbeitstagung vom 22./23. November 1983, Bullinger, H.-J.; Warnecke H.J. (Hrsg.) Stuttgart: FpF, 1983

/7/ Lutz, J.F.: Probleme der Erfassung und Kontrolle entscheidungsrelevanter Daten von Investitionen. in: Investitions- und Finanzplanung im Wandel der Konjunktur, Kilger, W.; Scheer, A. W. (Hrsg.) Würzburg, Wien: Physica Verlag,1981

/8/ Ungeheuer, U.; Kosmas, I.: Montagevorbereitung in der Einzel- und Kleinserienproduktion. Arbeitsvorbereitung, 22 (1985) Nr. 4

/9/ o.V.: REFA-Methodenlehre der Planung und Steuerung, (Teil 2). München: Carl Hanser Verlag, 1985

/10/ Metzger, H.: Planung und Bewertung von Arbeitssystemen in der Montage. Stuttgart: Universität, Dissertation 1977

/11/ Ammer, E.-D.: Rechnerunterstützte Planung von Montageablaufstrukturen für Erzeugnisse der Serienfertigung. Stuttgart: Universität, Dissertation 1984

/12/ Hoeschen, R.D.: Planung von Montagesystemen im Rahmen der technischen Investitionsplanung. Aachen: Technische Hochschule, Dissertation 1978

/13/ Koether, R.: Verfahren zur Verringerung von Modell-Mix-Verlusten in Fließmontagen. Stuttgart: Universität, Dissertation 1985

/14/ Eversheim, W.; Kettner, P.; Merz, K.-P.: Ein Baukastensystem für die Montage konzipieren. Industrieanzeiger, 105 (1983) Nr. 92, S. 27 - 30

/15/ Pawellek, G.: Logistikorientierte Neuordnung produzierender Unternehmen. Zeitschrift für wirtschaftliche Fertigung, 80 (1985) Nr. 8, S. 353 - 358

/16/ o.V.: REFA Methodenlehre der Planung und Steuerung (Teil 1). München: Carl Hanser Verlag, 1985

/17/ Eversheim, W.; Witte, K.-W.; Peffekoven, K.-H.: Montage richtig planen. Fortschritt-Berichte der VDI-Zeitschriften, Reihe 2, Nr. 45, Düsseldorf: VDI Verlag, 1981

/18/ Dittmayer, S.: Arbeits- und Kapazitätsteilung in der Montage. Stuttgart: Universität, Dissertation 1981

/19/ Kälberer, G.: Untersuchung eines Produktspektrums mit Hilfe der Cluster-Analyse. Zeitschrift für OR, Band 21, 1977, Seite B 143 - B 158

/20/ Eisele, R.; u.a.: Entwickung des Produktionsplanungs-, Informations- und Steuerungssystems ORGAM (PIUSS-O). Forschungsbericht KfK-PFT 99, Karlsruhe: Kernforschungszentrum, 1985

/21/ Koschnitzki, K.-D.: Untersuchungen zur Problematik integrierter Materialflußsysteme in der Einzel- und Kleinserienfertigung. Karlsruhe: Universität, Dissertation 1975

/22/ Brankamp, K.: Ein Terminplanungssystem für Unternehmen der Einzel- und Serienfertigung. Würzburg, Wien: Physica Verlag 1972/2. Auflage

/23/ Niess, P.S.: Fertigungssteuerung im flexiblen Fertigungssystem unter besonderer Berücksichtigung des Kapazitätsabgleichs. Stuttgart: Universität, Dissertation 1979

/24/ Arlt, J.: Dynamische Produktionsprogrammplanung, Voraussetzung - Methodik, Durchführung. Aachen: Technische Hochschule, Dissertation 1971

/25/ Bresser, W.P.; Pitra, L.: EDV-gestützte Grobplanung der Produktion in der Praxis. FIR-Mitteilungen (1982) Nr. 44, S. 33 - 42

/26/ Wester, L.; Kilbridge, M.: The assembly-line model mix sequencing problem. Proceedings of the Third International Konference on Operations Research, Oslo 1963, Band 3, S. 247 - 260. Paris: Dunod, 1964

/27/ Wilhelm, B.: Beitrag zur optimalen Steuerung von Montagelinien mit Modell-Mix in der Automobilindustrie. Braunschweig: Technische Universität, Dissertation 1979

/28/ Felbecker, O.: Ein Beitrag zur Reihenfolgeplanung bei Mehrprodukt-Linienfertigung. Aachen: Technische Hochschule, Dissertation 1980

/29/ Görke, M.: Rechnerunterstütztes Verfahren zur Leistungsabstimmung von Mehrmodell-Montagesystemen. Mainz: Krausskopf, 1978

/30/ Lutz, L.: Auswahl und Erweiterung heuristischer Verfahren für das Abgleichen von Montagelinien. Stuttgart: Universität, Dissertation 1974

/31/ Klenke, H.: Ablaufplanung bei Fließfertigung. Wiesbaden 1977 (Schriftenreihe des Seminars für Allgemeine Betriebswirtschaftslehre der Universität Hamburg, Bd. 11)

/32/ Schad, G.: Interaktive Leistungsabstimmung von Montagesystemen. Stuttgart: Universität, Dissertation 1986

/33/ Krause, M.: Rechnerunterstützte Leistungsabstimmung im Dialog. VDI-Zeitschrift, Band 126 (1984) Nr. 6, S. 195 - 199

/34/ Schilling, W.; Brandes, H.; Seifert, G.: Montagerationalisierung durch rechnerunterstützte Leistungsabstimmung. Fertigungstechnik und Betrieb, Berlin 36 (1986) Nr. 3, S. 147 - 150

/35/ Driscoll, J.: Simulation approach to evaluating assembly line balancing solutions. International Journal of Production Research, 23 (1985) Nr. 5, S. 975 - 985

/36/ Roth, H.-P.; Zeh, K.-P.: Planungssicherheit durch Simulation. VDI-Zeitschrift, Band 126 (1984) Nr. 12, S. 427 - 433

/37/ Chmielnicki, S.; Mayer, J.: Diskrete Simulationsmodelle als Testumgebung für Steuerprogramme komplexer Fertigungssysteme. Industrie Anzeiger, 106 (1984) Nr. 8 S. 44 - 45

/38/ Rahnejat, H.: Simulation aids design for flexible automation. The International Journal of Advanced Manufacturing Technologie,2 (1986) Nr. 1, S. 91 - 108

/39/ Klauke, A.: Entwicklung und Erprobung eines Simulationsmodells zur Planung der Arbeitsteilung an Arbeitssystemen mit numerisch-gesteuerten Werkzeugmaschinen. Aachen: Technische Hochschule, Dissertation 1980

/40/ Letters, F.: Vorstellung eines Montage-Modell-Simulators (MOMOS). Informatik Fachbericht 75, Simulationstechnik. Berlin, Heidelberg: Springer, 1984

/41/ Sowa, J.: Das Simulationssystem SIMIS-II. Fördern und Heben, 34 (1984) Nr. 7, S. 542 - 544

/42/ Biles, W.E.; Bathina, V.R.: PASAMS: Pascal simulation and analysis of manufacturing systems. Material Flow, 3 (1986), S. 99 - 112

/43/ Scheifele, M.; Warschat, J.: Simulation eines flexiblen Montagesystems. wt-Zeitschrift für industrielle Fertigung, 74 (1984) Nr. 6, S. 337 - 340

/44/ Grant, F.H.; Wilson, J.R.: Material flow evaluation in robotic systems using simulation. Material Flow, 3 (1986) S. 83 - 97

/45/ Peffekoven, K.H.: Planung und Steuerung des Montageablaufs in Unternehmen der Einzel- und Serienfertigung. Aachen: Technische Hochschule, Dissertation 1982

/46/ Haller, E.: Rechnerunterstützte Gestaltung ortsgebundener Montagearbeitsplätze, dargestellt am Beispiel kleinvolumiger Produkte. Stuttgart: Universität, Dissertation 1982

/47/ Vähning, H.: Flexibilität von personalintensiven Montagesystemen bei Serienfertigung. Stuttgart: Universität, Dissertation 1984

/48/ Hackstein, R.: Produktionsplanung und -steuerung (PPS), Ein Handbuch für die Betriebspraxis. Düsseldorf: VDI-Verlag, 1984

/49/ Späth, H.: Cluster-Formation und -Analyse. München, Wien: Oldenbourg Verlag, 1983

/50/ Sauer, H.: Einsatz der Clusteranalyse zur Strukturierung eines Produktprogramms. Grundlagenbericht des Forschungsprojektes "Entwicklung von überbetrieblichen anwendbaren Entscheidungs- und Handlungshilfen für die Planung, die Einführung und den Einsatz neuer Arbeitsstrukturen in der Montage" (BMFT 01 VE 106-ZK-TAP 0012), 1983

/51/ Sauer, H.: Simulationsmodell zur Planung der Kapazität von Montagesystemen. wt-Zeitschrift für Industrielle Fertigung 74 (1984) Nr. 7, S. 419 - 422

/52/ Auch, M.; Sauer, H.: Informationsbedarf in unterschiedlichen Entscheidungssituationen. FhG-Berichte, (1986) Nr. 1, S. 39 - 43

/53/ Mellichamp, J.M.: Simulation models are a flexible efficient aid to productivity improvement efforts. Industrial Engineering, 16 (1984) Nr. 7, S. 78 - 85

/54/ Symons, A.: What is user friendliness in Modelling and Simulation. in: Summer Computer Simulation Conference, 22-24 Juli 1985, The Society for Computer Simulation, San Diego

/55/ Kornwachs, K.: Modellbildung zur Problemlösung in Bereichen von Produktion und Dienstleistungen. FhG-Berichte (1985) Nr. 3/4, S. 9 - 16

/56/ Zeigler, B.P.: Multifacetted modelling and discrete event simulation. London: Academic Press, 1984

/57/ Wildemann, H.; u.a.: Flexible Werkstattsteuerung durch Integration von KANBAN-Prinzipien. Wildemann, H. (Hrsg.) München: CW-Publikationen, 1984

/58/ Bamberg, G.; Baur, F.: Statistik. München, Wien: Oldenbourg Verlag, 1979

/59/ Schutz, W.: Methoden der mittel- und langfristigen Prognose. München, Goldmann Verlag, 1975

/60/ Box, G.E.P.; Jenkins, G.M.: Time Series Analysis Forecasting and Control. San Francisco, Holden - Day, 1975

/61/ Müller-Merbach, H.: Operations Reserach, München: Verlag Franz Vahlen, 1973

/62/ Lentes, H.-P.: Auslegung von Montagelinien mit Hilfe der Simulation. VDI Berichte Nr. 323, 1978

/63/ Schilling, W.; Brandes, H.: Rechnerunterstützte Pufferoptimierung unter komplexer Berücksichtigung der für Montagelinien typischen Einflußgrößen. Fertigungstechnik und Betrieb, 35 (1985) Nr. 6, S. 359 - 363

/64/ Heinz, K.: Mathematisch statistische Untersuchungen über die Erlang-Verteilung. Köln: Westdeutscher Verlag, 1969

/65/ Moodie, C.L.; Young, H.H.: A Heuristic Method of Assembly Line Balancing for Assumptions of Constant or Variable Work Element Times. The Journal of Industrial Engineering, 16 (1965) Nr. 1, S. 23 - 29

/66/ Hahn, R.: Aufgaben der Produktionsplanung bei Mehrprodukt-Linienfertigung und Möglichkeiten zu ihrer Lösung. Stuttgart: Universität, Dissertation 1971

/67/ Lentes. H.-P.; Görke, M.: Leistungsabstimmung von Montagelinien. Teil 1: Grundlagen der Leistungsabstimmung mit mathematischen Verfahren. Arbeitsvorbereitung, 13 (1976) Nr. 3, S. 71 - 77

ANHANG

A 1 Struktur der Programmsysteme

Die Strukturen der beiden Programmsysteme KAPSIM und PAKAP sind in den Bildern 50 und 51.dargestellt. Die Eingabe der Planungsdaten erfolgt jeweils im Dialog. Die Gesamtheit aller

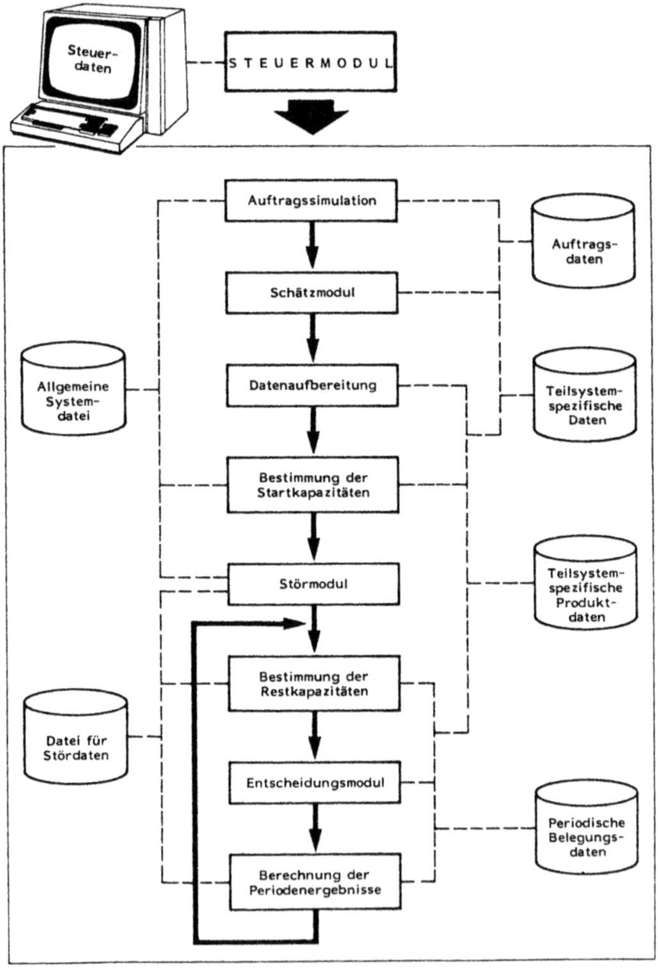

Bild 50: Struktur des Programmsystems KAPSIM

eingegebenen Daten wird auf Plausibilität überprüft, Dateien zugeordnet und zwischengespeichert. Bei fehlender Planungsgrundlage wird ein Datenspektrum generiert, aufbereitet und zur Weiterverarbeitung bereitgestellt.

Im Programmsystem KAPSIM (vgl. Bild 50) werden die benötigten Daten aus der entsprechenden Datei abgerufen und die jeweiligen Algorithmen zur Berechnung der Kapazitäten angesteuert. Hier fließen auch die Entscheidungen zum Betreiben eines Montagesystems in die Rechnung ein. Die Steuerung und Überprüfung des Planungs- bzw. Simulationsablaufs, d.h. die Folge der nacheinander benötigten Programmodule, kann der Anwender mit Hilfe des Steuermoduls im Dialog selbst bestimmen und durch Entscheidungen beeinflussen. Vor der Ausgabe der Planungsergebnisse auf dem Bildschirm-Terminal oder Drucker werden diese in einer weiteren Datei zwischengespeichert.

Bei dem in Bild 51 dargestellten Programmsystem PAKAP werden nach dem Eingabeteil die Kapazitätsanteile der Produkte am Gesamtvolumen ermittelt, um später eine Berechnung der gewichteten Ausgleichsverluste und Mitarbeiterzahlen vornehmen zu können.

Wichtige Ergebnisse wie Auslastungsgrad und Mitarbeiterzahl werden gespeichert und, falls sich neue Stammstationen oder ortsfeste Werkzeuge ergeben haben, diese als neue Randbedingungen für die nachfolgenden Produkte abgespeichert.

Nach Abstimmung des letzten Produktes werden die Vergleichswerte für diesen Versuch ermittelt und ausgegeben. Im Anschluß an die Versuchsreihe wird die neue Produktfolge festgelegt und die nächste Versuchsreihe begonnen.

Nach Durchlaufen aller Produktfolgen werden anhand der Vergleichswerte die besten Zuteilungsversuche mit der kompletten Ausgabe der Ergebnisse wiederholt.

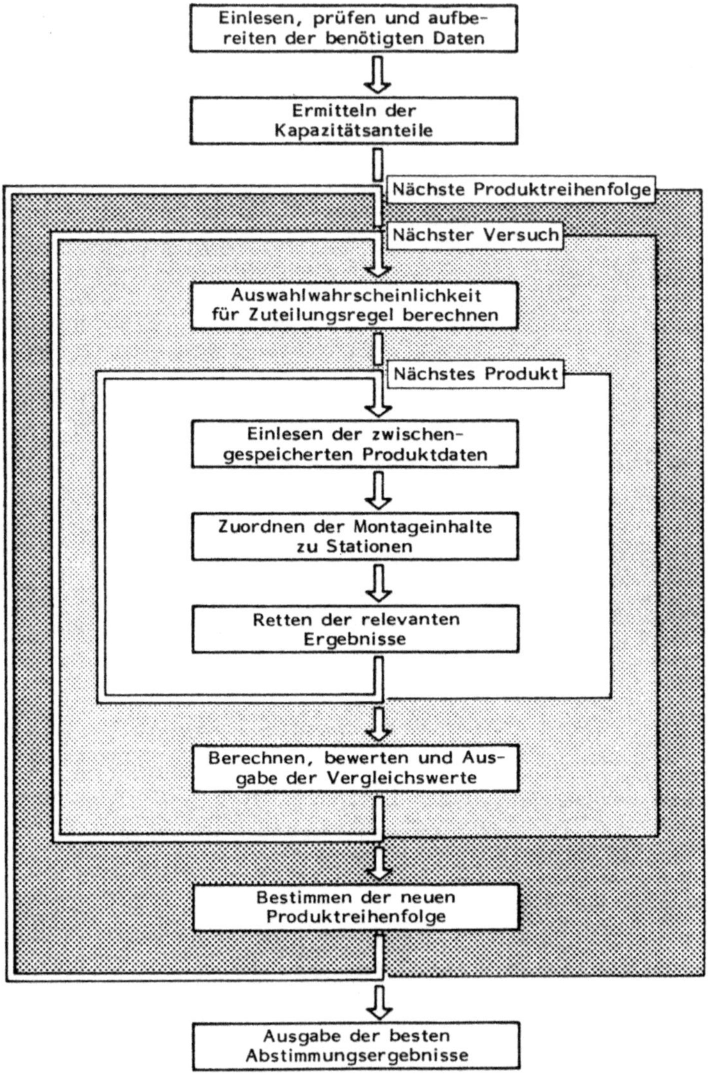

Bild 51: Struktur des Programmsystems PAKAP

A 2 Darstellung der Ergebnisse zur mengen- und ablauforientierten Kapazitätsplanung

Im folgenden sollen die Ergebnisse, die mit den Verfahren erzielt werden können, in Form der EDV-Ausdrucke - d.h. wie sie dem Planer zur Verfügung stehen - dargestellt werden. Die Reihenfolge der Bilder orientiert sich am Aufbau der Verfahren (Bild 9) bzw. am Ablauf des Fallbeispiels (Bild 34).

A 2.1 Ergebnisse aus KAPSIM

In Bild 52 werden die dem Planer angegebenen Steuer- und Auftragsdaten für KAPSIM dargestellt. Bei der mengenorientierten Kapazitätsplanung kann von verschiedenen Möglichkeiten Gebrauch gemacht werden. In diesem Fall sollen die Stationszahlen variiert werden, um ein geeignetes Kapazitätsangebot zu finden. Die Belegung mit Ausgleichsprodukten kann mit verschiedenen Strategien erfolgen; in diesem Fall wurde Strategie 3 "Priorität für Teilsysteme" verwendet.

```
MOEGLICHKEIT 3:  VARIATION EINER EINFLUSSGROESSE
                 DIE STATIONENZAHLEN WERDEN VARIIERT.
   STRATEGIE 3:  DAS SYSTEM MIT HOECHSTER PRIORITAET WIRD ZUERST AUFGEFUELLT
                 REIHENFOLGE DER SYSTEME FUER DIE ZUWEISUNG
                          2          1          3

                      ANZAHL DER VORPERIODEN:    24
                 ANZAHL DER PLANUNGSPERIODEN:    12
                        ANZAHL DER SYSTEME :      3
                      ALPHA FUER SCHAETZUNG:     0.30
                             PERIODENLAENGE:     5 TAGE
                        ANZAHL DER SCHICHTEN:     1
                                SCHICHTZEIT:   480.00
                                     PAUSEN:    10.00
                             LEISTUNGSGRAD:    130.00 %
  MULTIPLIKATOR FUER DIE STARTKAPAZITAET:         0
```

SYSTEM 1	EJC N	EJC A	EJF N	EJF A	TYP A
	5.00	5.00	0.00	30.00	42.00
	0.00	7.00	0.00	32.00	39.00
	0.00	7.00	0.00	33.00	44.00
	3.00	6.00	0.00	35.00	38.00
	0.00	6.00	0.00	38.00	39.00
	10.00	4.00	20.00	40.00	40.00
	5.00	1.00	20.00	40.00	41.00
	4.00	5.00	20.00	40.00	45.00
	0.00	4.00	20.00	39.00	47.00
	5.00	2.00	20.00	38.00	47.00
	0.00	3.00	5.00	40.00	43.00
	2.00	6.00	5.00	38.00	35.00
	2.00	5.00	0.00	39.00	33.00
	2.00	9.00	0.00	37.00	0.00
	3.00	6.00	0.00	35.00	0.00
	0.00	2.00	0.00	36.00	0.00
	1.00	2.00	10.00	33.00	43.00
	0.00	2.00	10.00	35.00	40.00
	1.00	5.00	10.00	35.00	39.00
	1.00	4.00	13.00	38.00	39.00
	3.00	3.00	15.00	39.00	47.00
	0.00	1.00	20.00	35.00	41.00
	8.00	13.00	10.00	38.00	38.00
	1.00	1.00	5.00	34.00	0.00
VORGABEZEITEN:	190.61	171.22	161.05	145.98	48.05
NETTORUESTZEITEN:	125.00	93.00	84.00	97.00	58.00

```
                      MITTLERER STOERABSTAND:   127.00 MIN
                       MITTLERE STOERDAUER:      14.00 MIN
```

Bild 52: Eingegebene Steuer- und Auftragsdaten

Aus den für ein Produkt eingegebenen Stückzahlen (vgl. Bild 53) werden für die Folgeperioden Stückzahlen geschätzt, die in die weitere mengenorientierte Kapazitätsplanung eingehen.

```
STUECKZAHL
   27 I                             ***
   26 I                             *** ***
   25 I                             *** ***
   24 I                             *** ***
   23 I                             *** ***
   22 I                     ***     *** ***
   21 I                     ***     *** *** ***
   20 I                     ***     *** *** ***
   19 I                     ***     *** *** ***
   18 I                     *** *** *** *** *** ***
   17 I     *** ***     *** *** *** *** *** *** ***
   16 I     *** ***     *** *** *** *** *** *** ***
   15 I     *** ***     *** *** *** *** *** *** ***
   14 I     *** ***     *** *** *** *** *** *** *** ***
   13 I     *** ***     *** *** *** *** *** *** *** ***
   12 I     *** ***     *** *** *** *** *** *** *** ***
   11 I     *** ***     *** *** *** *** *** *** *** ***
   10 I *** *** *** *** *** *** *** *** *** *** *** ***
    9 I *** *** *** *** *** *** *** *** *** *** *** ***
    8 I *** *** *** *** *** *** *** *** *** *** *** ***
    7 I *** *** *** *** *** *** *** *** *** *** *** ***
    6 I *** *** *** *** *** *** *** *** *** *** *** ***
    5 I *** *** *** *** *** *** *** *** *** *** *** ***
    4 I *** *** *** *** *** *** *** *** *** *** *** ***
    3 I *** *** *** *** *** *** *** *** *** *** *** ***
    2 I *** *** *** *** *** *** *** *** *** *** *** ***
    1 I *** *** *** *** *** *** *** *** *** *** *** ***
    0 I *** *** *** *** *** *** *** *** *** *** *** ***
    0 I--------------------------------------------------
PERIODE  1   2   3   4   5   6   7   8   9  10  11  12
```

Bild 53: Verlauf der geschätzten Stückzahlen eines Produktes

Für jedes Teilsystem wird ein Belegungsdiagramm erzeugt, aus dem hervorgeht, in welchem Maße das Kapazitätsangebot von Basisprodukten (B) und Ausgleichsprodukten (A 1, A 2) in jeder Periode beansprucht wird (vgl. Bild 54). A 1 bzw. A 2 sind Ausgleichsprodukte zwischen unterschiedlichen Teilsystemen.

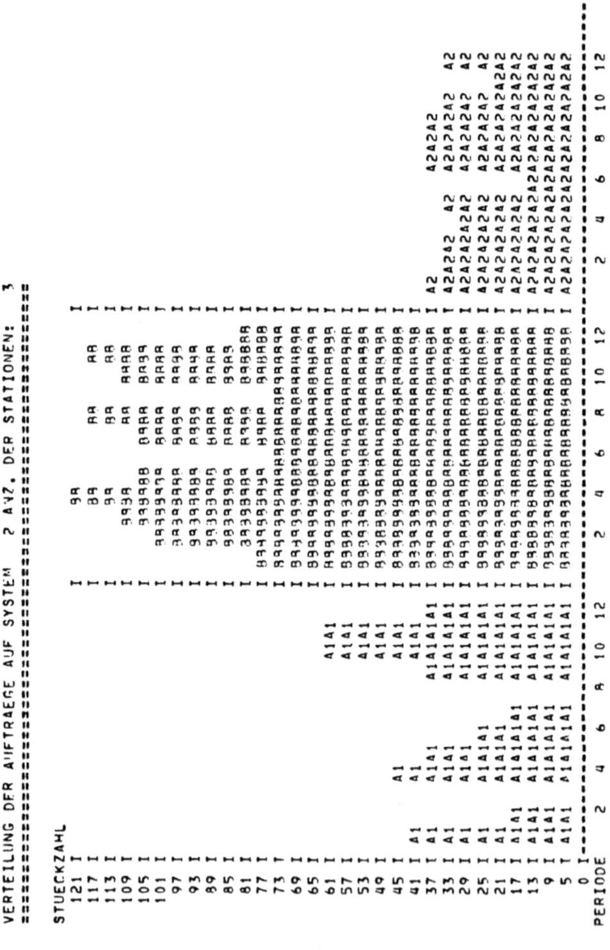

Bild 54: Verteilung der Aufträge an Basis- und Ausgleichsprodukten auf einem Teilsystem

Da der Kapazitätsbedarf nicht in jeder Periode gleich ist, kommt es zu Schwankungen des Restkapazitätsverlaufs. Negative Restkapazitäten bedeuten dabei, daß Aufträge in der entsprechenden Periode nicht bearbeitet werden können (vgl. Bild 55).

```
DARSTELLUNG DES RESTKAPAZITAETVERLAUFS VON SYSTEM 3
===================================================

RESTKAP (%), STARTKAP=    18330.00 MIN
  20 I
  19 I                                 ***
  18 I ***                 ***         ***
  17 I ***                 ***         ***
  16 I ***                 ***         ***     ***
  15 I ***                 ***         ***     ***
  14 I ***                 ***         ***     ***
  13 I ***                 ***     *** ***     ***
  12 I ***             *** ***     *** ***     ***
  11 I ***             *** ***     *** ***     ***
  10 I ***             *** ***     *** ***     ***
   9 I ***             *** ***     *** ***     ***
   8 I ***             *** ***     *** ***     ***
   7 I ***             *** *** *** *** ***     ***
   6 I ***             *** *** *** *** ***     ***
   5 I ***             *** *** *** *** ***     ***
   4 I ***             *** *** *** *** ***     ***
   3 I ***             *** *** *** *** ***     ***
   2 I ***             *** *** *** *** ***     ***
   1 I ***             *** *** *** *** ***     ***
   0 I-----------------------------------------------------
        1   2   3   4   5   6   7   8   9  10  11  12  PERIODE
     3378.   -935.   2168.   1302.   3430.   2883.
         -577.  -3553.   3228.   2353.  -4364.  -2319.
   0 I-----------------------------------------------------
  -1 I     *** *** ***                     ***     ***
  -2 I     *** *** ***                     ***     ***
  -3 I     *** *** ***                     ***     ***
  -4 I         *** ***                     ***     ***
  -5 I         *** ***                     ***     ***
  -6 I             ***                     ***     ***
  -7 I             ***                     ***     ***
  -8 I             ***                     ***     ***
  -9 I             ***                     ***     ***
 -10 I             ***                     ***     ***
 -11 I             ***                     ***     ***
 -12 I             ***                     ***     ***
 -13 I             ***                     ***     ***
 -14 I             ***                     ***
 -15 I             ***                     ***
 -16 I             ***                     ***
 -17 I             ***                     ***
 -18 I             ***                     ***
 -19 I             ***                     ***
 -20 I                                     ***

RESTKAP AUFSUMMIERT UEBER ALLE PERIODEN:          6992.67

NUR NEGATIVE RESTKAP AUFSUMMIERT :              -11748.83
```

Bild 55: Restkapazitätsverlauf eines Teilsystems

Das folgende Bild 56 veranschaulicht, in welchem Maße die einzelnen Teilsysteme ausgelastet sind und welcher Anteil hiervon durchschnittlich von Basis- und Ausgleichsprodukten sowie Störungen beansprucht wird.

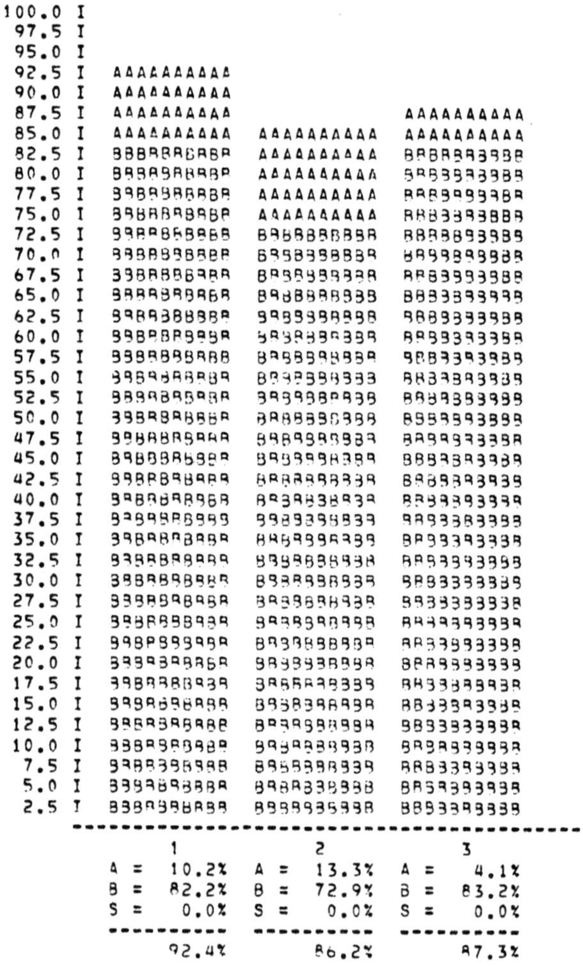

Bild 56: Durchschnittliche Kapazitätsauslastung der einzelnen Teilsysteme (B: Basisprodukte, A: Ausgleichsprodukte)

In Bild 57 werden periodenbezogen die Kapazitätsanforderungen der Basis- und Ausgleichsprodukte sowie die Störzeiten aufgelistet. Die für jedes Produkt angegebene Zykluszeit ist ideal, d.h., sie enthält noch keine Ausgleichsverluste (vgl. Bild 57).

S Y S T E M : 1

ANZAHL STATIONEN: 3
STARTKAPAZITAET : 9165. MIN/PERIODE

PERIODE	KAPAZITAETSBEDARF DER BASISPRODUKTE EJC N	EJC A	EJE N	EJE A	SUMME	AUSGLEICHSPRODUKTE TYP A	STOERWERTE
1	1078.	949.	84.	4476.	6588.	2076.	55.
2	697.	949.	889.	5352.	7687.	2124.	75.
3	1078.	607.	406.	5644.	7735.	2653.	74.
4	506.	1120.	245.	5206.	7078.	2316.	180.
5	1078.	264.	1533.	5498.	8374.	1836.	89.
6	125.	949.	84.	4330.	5489.	1307.	132.
7	506.	435.	1211.	6082.	8235.	2172.	65.
8	2222.	1634.	1050.	5644.	10550.	2316.	131.
9	125.	778.	2017.	5206.	8126.	2220.	115.
10	887.	1634.	84.	5790.	8396.	3085.	261.
11	887.	1463.	1856.	5790.	9996.	2989.	130.
12	1269.	93.	1695.	5206.	8262.	2028.	231.
E-WERT	872.	906.	930.	5352.	8060.	2260.	
STANDAB	566.	506.	737.	521.	1352.	484.	
PRODRAT	0.016	0.018	0.019	0.021		0.062	
ZYKLUSZEIT	63.54	57.07	53.68	48.66		16.02	
RUESTZEIT	125.00	93.00	84.00	97.00		58.00	

Bild 57: Kapazitive und statistische Werte eines Teilsystems

In der Ergebnisübersicht zur mengenorientierten Kapazitätsplanung werden Kenngrößen zur Beurteilung der Planungsergebnisse jeweils für die Teilsysteme und das Gesamtsystem aufgeführt (vgl. Bild 58).

ZUSAMMENFASSENDE UEBERSICHT TEILSYSTEM- UND GESAMTSYSTEM-
SPEZIFISCHER DATEN (PERIODENBEZOGENE DURCHSCHNITTSWERTE)

	TEILSYSTEM 1	TEILSYSTEM 2	TEILSYSTEM 3	GESAMT-SYSTEM
STARTKAPAZITAET(MIN)	9165.	12220.	18330.	39715.
RESTKAPAZITAET (MIN)	613.	1609.	583.	2804.
NEG. RESTKAPAZ.(MIN)	-351.	-2.	-979.	-1332.
DUR. AUSLASTUNG (%)	93.9	88.1	97.4	93.
MIN. AUSLASTUNG (%)	64.2	51.4	81.3	68.7
MAX. AUSLASTUNG (%)	119.4	100.2	123.8	112.9
BASISKAPAZITAET (%)	87.9	45.0	92.1	75.0
AUSGLEICHSKAPAZ. (%)	1.8	37.4	0.5	13.2
STOERZEITEN (%)	4.2	5.8	4.7	4.9
RUESTZEITEN (%)	4.5	3.3	2.5	3.4
NACHFRAGE (MIN)	8552.	10611.	17747.	36911.0
NEG.RK/NACHFRAGE	-0.041	0.000	-0.055	-0.036
STARTK/NACHFRAGE	1.072	1.152	1.033	1.076

Bild 58: Übersicht der Teil- und Gesamtsystem-spezifische Daten

Im Rahmen der mengenorientierten Kapazitätsplanung kann die Stationenzahl eines Teilsystems variiert werden. Damit erhält der Planer für jede Stationenzahl eine davon abhängige durchschnittliche Restkapazität (vgl. Bild 59). Daraus läßt sich erkennen, welches Kapazitätsangebot benötigt wird.

```
RESTKAP(%)
     30 I
     29 I
     28 I
     27 I
     26 I
     25 I
     24 I
     23 I                                               ***
     22 I                                               ***
     21 I                                               ***
     20 I                                               ***
     19 I                                               ***
     18 I                                               ***
     17 I                                               ***
     16 I                                               ***
     15 I                                               ***
     14 I                                               ***
     13 I                                               ***
     12 I                                               ***
     11 I                                               ***
     10 I                                               ***
      9 I                                               ***
      8 I                                    ***        ***
      7 I                                    ***        ***
      6 I                                    ***        ***
      5 I                                    ***        ***
      4 I                                    ***        ***
      3 I                                    ***        ***
      2 I                                    ***        ***
      1 I                                    ***        ***
      0 I-----------------------------------------------------
  STAT.ZAHL:  4          5          6          7          8
      0 I-----------------------------------------------------
     -1 I   ***        ***        ***
     -2 I   ***        ***        ***
     -3 I   ***        ***        ***
     -4 I   ***        ***
     -5 I   ***        ***
     -6 I   ***        ***
     -7 I   ***        ***
     -8 I   ***        ***
     -9 I   ***        ***
    -10 I   ***        ***
    -11 I   ***        ***
    -12 I   ***
    -13 I   ***
    -14 I   ***
    -15 I   ***
    -16 I   ***
    -17 I   ***
    -18 I   ***
    -19 I
    -20 I
```

<u>Bild 59:</u> Restkapazitätsverlauf eines Teilsystems in Abhängigkeit von der Stationenzahl

A 2.1 Ergebnisse der ablauforientierten Kapazitätsplanung

Für die einem Teilsystem zugeordneten Produkte wird eine ablauforientierte Kapazitätsplanung durchgeführt. Pro Arbeitsstation werden die zugeteilten Teilverrichtungen, die jeweilige Vorgabezeit, Ergebnisse über die Auslastungssituation sowie die zugewiesenen Werkzeuge ausgegeben (vgl. Bild 60).

					ABSCHNITTE								
STAT	MANN	TEILVERRICHTUNG	V-ZEIT	SB	Z1	Z2	Z3	Z4	ZK1	ZK2	ST	WERKZ.1	AZ
1	1	204 zylinderkopf	23.00		0	0	0	0	0	0	0		

STATIONSZEIT 23.00
AUSGLEICHSZEIT 0,00
VORGABEZEIT 23,00
ZEITGRAD BEZ.AUF STATIONSZEIT 100,00 %

STAT	MANN	TEILVERRICHTUNG	V-ZEIT	SB	Z1	Z2	Z3	Z4	ZK1	ZK2	ST	WERKZ.1	AZ
2	2	12 motornummer einschlagen	0,50		0	0	0	0	0	0	0	kms	1
2	2	206 kolben,-ringe,-bolzen	2,40		0	0	0	0	0	0	0		
2	2	215 kolben mit pleuel	5,40		0	0	0	0	0	0	0		
2	2	216 kolben mit pleuel an zkg	2,00		0	0	0	0	0	0	2		
2	2	221 zylinderkopf auf zkg	2,40		0	0	0	0	0	0	0		
2	2	127 einspritzd.,gluehkerzen	2,50		0	0	0	0	0	0	2	s2	2
2	2	201 einspritzp.,betaetig.heb	1,50		0	0	0	0	0	0	0		
2	2	203 schwingungsdaempfer	0,70		0	0	0	0	0	0	0		
2	2	220 schw.daempfer an kw	0,80		0	0	0	0	0	0	0		
2	2	224 wasserpumpe,steuerzeiten	2,40		0	0	0	0	0	0	0		
2	2	213 kuehlwasserregler mont.	0,70		0	0	0	0	0	0	0		
2	2	2 zahnriemenschutz	0,80		0	0	0	0	0	0	0		
2	2	226 heizungsflansch montier.	0,40		0	0	0	0	0	0	2	s1	1

STATIONSZEIT 22,50
AUSGLEICHSZEIT 0.50
VORGABEZEIT 23,00
ZEITGRAD BEZ.AUF STATIONSZEIT 97,83 %
ZEITGRAD MIT AUSGLEICHSZEIT 100,00 %

BENOETIGTE WERKZEUGE.. kms kasetten
s2 schrauber 2
s1 schrauber 1

WERKZEUGKOSTEN.. 3560 DM

PLATZBEDARF.. 5500 QCM

3 3 [.....diese Station kann von diesem Modell nicht belegt werden.....]

bereits vorhandene stationaere Werkzeuge.. sst schraubstation
v1 vorrichtung 1

Bereits belegter Platz.. 5300 qcm

4 4 [.....diese Station kann von diesem Modell nicht belegt werden.....]

bereits vorhandene stationaere Werkzeuge.. sv spannvorrichtun
hz2 hebezeug 13 kg

Bereits belegter Platz.. 7200 qcm

Bild 60: Ergebnis der ablauforientierten Kapazitätsteilung für ein Produkt (Station 3 und 4: typgebundene Stationen)

Bei dem Beispiel einer ablauforientierten Kapazitätsteilung in Bild 60 können die Stationen 3 und 4 von diesem Produkt nicht belegt werden, da sie von stationären Betriebsmitteln eines anderen Produktes belegt sind.

In der Werkzeugübersicht in Bild 61 sind die pro Mitarbeiter bzw. Station benötigten Werkzeuge angegeben.

WERKZ.NR	WERKZEUGBEZEICHNUNG	MANN 1	2	3	4	5	GESAMT-SUMME
ss2	spezialschrauber 2					1	1
ss3	spezialschrauber 3					2	2
s1	schrauber 1		1			1	2
s2	schrauber 2		2				2
s3	schrauber 3					2	2
s4	schrauber 4					3	3
kms	kasetten mit schlagzahlen		1				1
oezs	oelzapfsaeule					1	1

Bild 61: Benötigte Werkzeuge pro Station.

Anhand der Tabelle 62 läßt sich erkennen, wie Teilverrichtungen der einzelnen Produkte den vorgegebenen Stationen zugeordnet werden und wo typgebundene Stationen vorliegen (Stationen 2, 3, 4).

V E R T E I L U N G   D E R   t e i l v e r r i c h t u n g e n

STATION	TEILVERRICHTUNGEN TYP e	TYP a	TYP b	TYP c	TYP d	insgesamt
1	105	105	204	105	6	6
	6	107		8	15	8
	15	114		204	8	15
	411					105
	409					107
	416					114
						204
						409
						411
						416
2	314	108	12	314	9	2
	218	117	206	206	12	5
	421	121	215	215	5	7
	127	127	218	218	16	9
	422	119	221	321	13	10
	226		127	226	28	11
			201	325	11	12
			203	307	10	13
			220	119	7	14
			224		14	16
			213		2	28
			2			108
			226			117
						119
						121
						127
						201
						203
						206
						213
						215
						218
						220
						221
						224
						226
						307
						314
						321
						325
						421
						422
2	314				9	2
	218				12	5
	421				5	7
	127				16	9
	422				13	10
	226				28	11
					11	12
					10	13
					7	14
					14	16
					2	28
						127
						218
						226
						314
						421
						422
3	128	3			3	3
	31	128			31	18
	19	101			19	19
	417	125			18	31
		120				101
		124				120
						124
						125
						128
						417
4	430	110			22	22
	23	126			23	23
	420	138			40	40
	424	131				110
	432					126
	425					131
	429					138
	434					420
						424
						425
						429
						430
						432
						434

Bild 62: Verteilung der Teilverrichtungen aller Produkte an allen Stationen

In der Werkzeuggesamtübersicht (Bild 63) sind für jede Station die benötigten ortsfesten und variablen Werkzeuge und deren Kosten aufgeführt. Sie kann als Unterlage für eventuelle Umrüstvorgänge herangezogen werden.

v e r t e i l u n g d e r w e r k z e u g e a u f d i e e i n z e l n e n s t a t i o n e n							
STATION		stationaere werkzeuge	anzahl		variable werkzeuge	anzahl	kosten
1	v2	vorrichtung 2	3	ma	montageaufnahme	1	
	sst	schraubstation	1				
							86370 dm
2	awo	anwaermofen	1	me	montageeinrichtung	5	
	v2	vorrichtung 2	1	ss1	spezialschrauber 1	1	
	hz1	hebezeug 1	2	kms	kasetten mit schlagzahlen	1	
	p	pumpe	1	s1	schrauber 1	1	
	v1	vorrichtung 1	2	s4	schrauber 4	2	
				wst	werkstuecktraeger	1	
				s2	schrauber 2	2	
							45310 dm
2	awo	anwaermofen	1	me	montageeinrichtung	5	
	v2	vorrichtung 2	1	ss1	spezialschrauber 1	1	
	hz1	hebezeug 1	2	kms	kasetten mit schlagzahlen	1	
	p	pumpe	1	s1	schrauber 1	1	
	v1	vorrichtung 1	2	s4	schrauber 4	2	
				wst	werkstuecktraeger	1	
				s2	schrauber 2	2	
							45310 dm
3	sst	schraubstation	1	mz	montagezange	1	
	v1	vorrichtung 1	1	dg	dosiergeraet	1	
				ss4	spezialschrauber 4	1	
				s2	schrauber 2	1	
				s4	schrauber 4	1	
							12500 dm
4	sv	spannvorrichtung	1	s3	schrauber 3	2	
	hz2	hebezeug 13 kg	1	s4	schrauber 4	1	
				s1	schrauber 1	2	
				s2	schrauber 2	2	
							8400 dm
5	v2	vorrichtung 2	1	ss5	spezialschrauber 5	1	
	sst	schraubstation	1	s2	schrauber 2	2	
	oezs	oelzapfsaeule	1	s1	schrauber 1	1	
				ss2	spezialschrauber 2	1	
				ss3	spezialschrauber 3	2	
				s3	schrauber 3	2	
				s4	schrauber 4	3	
							48600 dm
						insgesamt...	246490 dm

Bild 63: Verteilung und Kosten der Werkzeuge für alle Produkte und Stationen

Aus der Übersicht in Bild 64 lassen sich die Ausgleichsverluste pro Produkt und Station ersehen sowie die Gesamtausgleichszeit pro Produkt und der gewichteten Ausgleichsverlust.

a u s g l e i c h s z e i t a n d e n e i n z e l n e n s t a t i o n e n					
STATION	TYP e	TYP a	TYP b	TYP c	TYP d
1	0.35	0.10	0.00	0.20	0.15
2	0.00	0.25	0.50	0.15	0,35
2	0.00				0,35
3	0.10	0.35			0,25
4	0.20	0.45			0,05
5	0.40	0.55	1,40	1,45	0,35
ges.ausgleichszeit	1.05	1.70	1.90	1.80	1,50
vorgabezeit	64.95	48.05	67.10	73.05	52,55
stueckzahl	50.00	40.00	10.00	20.00	50,00
kapazitaetsbedarf	3247,50	1922.00	671.00	1461.00	2627,50
kapazitaetsanteil	0.33	0.19	0.07	0.15	0,26
gew.ausgleichszeit	0.34	0.33	0.13	0,26	0,40

Bild 64: Ausgleichszeiten für alle Produkte und Stationen

IPA Forschung und Praxis

Schriftenreihe aus dem Institut für Produktionstechnik und Automatisierung, Stuttgart

Herausgeber: Prof. Dr.-Ing. H. J. Warnecke

Datenerfassung im Produktionsbereich
Von E. Bendeich. ISBN 3-7830-0117-8.
1977, 176 Seiten, kartoniert. 54,— DM

Methodenauswahl für die Materialbewirtschaftung in Maschinenbau-Betrieben
Von H. Graf. ISBN 3-7830-0136-6.
1977, 144 Seiten, kartoniert. 54,— DM

Systematische Auswahl von Förderhilfsmitteln für den innerbetrieblichen Materialfluß
Von W. Rau. ISBN 3-7830-0139-0.
1977, 103 Seiten, kartoniert. 40,— DM

Grundlagen zur Planung von Ersatzteilfertigungen
Von E. Schulz. ISBN 3-7830-0138-2.
1977, 98 Seiten, kartoniert. 40,— DM

Rechnerunterstützte Fabrikplanung
Von B. Minten. ISBN 3-7830-0116-1.
1977, 124 Seiten, kartoniert. 38,— DM

Eine Planungsmethode für automatische Montagesysteme
Von H.-G. Löhr. ISBN 3-7830-0120-X.
1977, 108 Seiten, kartoniert. 32,— DM

Planung und Bewertung von Arbeitssystemen in der Montage
Von H. Metzger. ISBN 3-7830-0131-5.
1977, 108 Seiten, kartoniert. 40,— DM

Klassifizierungssystem für Prüfmittel der industriellen Längenprüftechnik
Von R. Czetto. ISBN 3-7830-0144-7.
1978, 181 Seiten, kartoniert. 64,— DM

Rechnerunterstützte Montageplanung
Von O. Hirschbach. ISBN 3-7830-0149-8.
1978, 146 Seiten, kartoniert. 52,— DM

Rechnerunterstützte Entwicklung von Simulationsmodellen für Unternehmensplanspiele
Von A. Moker. ISBN 3-7830-0147-1.
1978, 181 Seiten, kartoniert. 64,— DM

Arbeitsplatzanalysen zur Ermittlung der Einsatzmöglichkeiten und Anforderungen an Industrieroboter
Von G. Herrmann. ISBN 37830-0151-X.
1978, 113 Seiten, kartoniert. 40,— DM

MFSP — Ein Verfahren zur Simulation komplexer Materialflußsysteme
Von G. Stemmer. ISBN 3-7830-0118-8.
1977, 140 Seiten, kartoniert. 60,— DM

Berührungslose Erkennung durch Positionsbestimmung von Objekten durch inkohärent-optische Korrelation
Von M. König. ISBN 3-7830-0137-4.
1977, 110 Seiten, kartoniert. 40,— DM

Auslegung von Störungspuffern in kapitalintensiven Fertigungslinien
Von R. v. Stetten. ISBN 3-7830-0140-4.
1977, 154 Seiten, kartoniert. 56,— DM

Flexible Transportablaufsteuerung
Von G. Römer. ISBN 3-7830-0114-5.
1977, 188 Seiten, kartoniert. 60,— DM

Rechnergestützte Realplanung von Fabrikanlagen
Von T.-K. Sauter. ISBN 3-7830-0119-6.
1977, 108 Seiten, kartoniert. 32,— DM

Systematisches Auswählen und Konzipieren von programmierbaren Handhabungsgeräten
Von R. D. Schraft. ISBN 3-7830-0115-3.
1977, 108 Seiten, kartoniert. 32,— DM

Auslandsproduktion
Von W. Cypris. ISBN 3-7830-0145-5.
1978, 126 Seiten, kartoniert. 42,— DM

Wirtschaftlicher Einsatz von Mehrkoordinatenmeßgeräten
Von M. Dietzsch. ISBN 3-7830-0148-X.
1978, 142 Seiten, kartoniert. 52,— DM

Fertigungssteuerung bei flexiblen Arbeitsstrukturen
Von K.-G. Lederer. ISBN 3-7830-0146-3.
1978, 128 Seiten, kartoniert. 42,— DM

Untersuchungen zum Polieren und Entgraten durch elektrochemisches Oberflächenabtragen
Von K. Zerweck. ISBN 3-7830-0150-1.
1978, 110 Seiten, kartoniert. 40,— DM

Stufenweise Ableitung eines praktischen Planungssystems für den Entwicklungsbereich
Von R. Hichert. ISBN 3-7830-0149-8.
1978, 151 Seiten, kartoniert. 52,— DM

Produktionsplanung mit Auftragsfamilien
Von U. W. Geitner. ISBN 3-7830-0161.7.
1979, 110 Seiten, kartoniert. 45,— DM

Thermisch-chemisches Entgraten
Von T. Wagner. ISBN 3-7830-0164-1.
1979, 111 Seiten, kartoniert. 45,— DM

Untersuchung der Materialflußkosten bei ausgewählten Systemen der Zentralen Arbeitsverteilung
Von R. Wenzel. ISBN 3-7830-0162-5.
1979, 168 Seiten, kartoniert. 86,— DM

Anpassung und Einführung eines Planungssystems für die Ablaufplanung im Konstruktionsbereich
Von W. Dangelmaier. ISBN 3-7830-0163-3.
1979, 168 Seiten, kartoniert. 80,— DM

Längenmessungen an bewegten Teilen mit berührungslos wirkenden Aufnehmern
Von H. Lang. ISBN 3-7830-0157-9.
1979, 89 Seiten, kartoniert. 42,— DM

Untersuchung multistabiler Strömungselemente und ihr Einsatz in sequentiellen Steuerungen
Von A. Ernst. ISBN 3-7830-0157-9.
1979, 122 Seiten, kartoniert. 48,— DM

Taktile Sensoren für programmierbare Handhabungsgeräte
Von M. Schweizer. ISBN 3-7830-0158-7.
1979, 91 Seiten, kartoniert. 42,— DM

Die rechnerunterstützte Prüfplanung
Von P. Bläsing. ISBN 3-7830-0152-8.
1979, 100 Seiten, kartoniert. 44,— DM

Verfahren zur Fabrikplanung im Mensch-Rechner-Dialog am Bildschirm
Von W. Ernst. ISBN 3-7830-0156-0.
1979, 218 Seiten, kartoniert. 72,— DM

Rechnerunterstütztes Verfahren zur Leistungsabstimmung von Mehrmodell-Montagesystemen
Von M. Görke. ISBN 3-7830-0155-2.
1979, 139 Seiten, kartoniert. 50,— DM

Standortbezogene Betriebsmittel
Von G. Pflieger. ISBN 3-7830-0167-6.
1979, 127 Seiten, kartoniert. 52,— DM

Die betriebswirtschaftliche Beurteilung neuer Arbeitsformen
Von B.-H. Zippe. ISBN 3-7830-0168-4.
1979, 350 Seiten, kartoniert. 98,— DM

Untersuchung des Arbeitsverhaltens programmierbarer Handhabungsgeräte
Von B. Brodbeck. ISBN 3-7830-0169-2.
1979, 117 Seiten, kartoniert. 48,— DM

Untersuchung eines kohärent-optischen Verfahrens zur Rauheitsmessung
Von N. Rau. ISBN 3-7830-0174-9.
1979, 117 Seiten, kartoniert. 48,— DM

Entwicklung einer programmierbaren, pneumatischen Steuerung
Von D. Klemenz. ISBN 3-7830-0171-4.
1979, 93 Seiten, kartoniert. 42,— DM

IPA Forschung und Praxis

Berichte aus dem Fraunhofer-Institut für Produktionstechnik und Automatisierung, Stuttgart, und dem Institut für Industrielle Fertigung und Fabrikbetrieb der Universität Stuttgart

Herausgeber: Prof. Dr.-Ing. H. J. Warnecke

---

38 **Arbeitsgangterminierung mit variabel strukturierten Arbeitsplänen — Ein Beitrag zur Fertigungssteuerung flexibler Fertigungssysteme**
Von U. Maier. ISBN 3-540-10213-2.
1980, 111 Seiten mit 45 Abbildungen. 43,— DM

39 **Kapazitätsabgleich bei flexiblen Fertigungssystemen**
Von P. S. Nieß. ISBN 3-540-10372-4.
1980, 151 Seiten mit 57 Abbildungen. 48,— DM

40 **Schichtdickenverteilung auf galvanisierten Paßteilen am Beispiel kleiner abgesetzter Wellen und Bohrungen**
Von D. Wolfhard. ISBN 3-540-10373-2.
1980, 177 Seiten mit 83 Abbildungen. 48,— DM

41 **Planung von Mehrstellenarbeit unter Berücksichtigung von Umfeldaufgaben**
Von S. Häußermann. ISBN 3-540-10374-0.
1980, 136 Seiten mit 59 Abbildungen. 48,— DM

42 **Untersuchungen zur Schmierfilmdicke in Druckluftzylindern — Beurteilung der Abstreifwirkung und des Reibungsverhaltens von Pneumatikdichtungen mit Hilfe eines neu entwickelten Schmierfilmdicken-meßverfahrens**
Von R. Köhnlechner. ISBN 3-540-10375-9.
1980, 100 Seiten mit 38 Abbildungen und 4 Tabellen. 43,— DM

43 **Typologie zum überbetrieblichen Vergleich von Fertigungssteuerungsverfahren im Maschinenbau**
Von G. Rabus. ISBN 3-540-10376-7.
1980, 174 Seiten mit 88 Abbildungen und 21 Tafeln. 48,— DM

44 **System zur Planung des Umlaufbestandes in Betrieben mit Serienfertigung**
Von K.-G. Wilhelm. ISBN 3-540-10377-5.
1980, 142 Seiten mit 67 Abbildungen und 15 Tafeln. 48,— DM

45 **Rechnerunterstützte Arbeitsplanerstellung mit Kleinrechnern, dargestellt am Beispiel der Blechbearbeitung**
Von W. Hoheisel. ISBN 3-540-10505-0.
1981, 169 Seiten mit 74 Abbildungen. 48,— DM

46 **Beitrag zur Verbesserung der Wirtschaftlichkeit EDV-unterstützter Fertigungssteuerungssysteme durch Schwachstellenanalyse**
Von J. Lienert. ISBN 3-540-10506-9.
1981, 148 Seiten mit 37 Abbildungen. 48,— DM

47 **Die Abscheidung von Öl an Entlüftungsöffnungen drucklufttechnischer Anlagen**
Von W.-D. Kiessling. ISBN 3-540-10604-9.
1981, 117 Seiten mit 48 Abbildungen und 3 Tabellen. 43,— DM

48 **Dynamische Optimierung technisch-ökonomischer Systeme**
Von J. Warschat. ISBN 3-540-10717-7.
1981, 132 Seiten mit 60 Abbildungen. 43,— DM

49 **Bildsensor zur Mustererkennung und Positionsmessung bei programmierbaren Handhabungsgeräten**
Von H. Geißelmann. ISBN 3-540-10735-5.
1981, 125 Seiten mit 52 Abbildungen. 43,— DM

50 **Verfügbarkeitsberechnung für komplexe Fertigungseinrichtungen**
Von Ekkehard Gericke. ISBN 3-540-10779-7.
1981, 132 Seiten mit 71 Abbildungen. 43,— DM

51 **Materialflußgestaltung in Fertigungssystemen**
Von Willi Rößner. ISBN 3-540-10888-2.
1981, 149 Seiten mit 76 Abbildungen. 48,— DM

52 **Beitrag zur Analyse der Auswirkungen der Mikroelektronik, dargestellt am Beispiel der Büromaschinen-Industrie**
Von Werner Neubauer. ISBN 3-540-10991-9.
1981, 145 Seiten mit 27 Abbildungen und 47 Tabellen. 43,— DM

53 **Modelle von Informationssystemen zur kurzfristigen Fertigungssteuerung und ihre Gestaltung nach betriebsspezifischen Gesichtspunkten**
Von Roland Gentner. ISBN 3-540-10992-7.
1981, 181 Seiten mit 69 Abbildungen und 7 Tabellen. 48,— DM

54 **Entwicklung von Verfahren zur Terminplanung und -steuerung bei flexiblen Montagesystemen**
Von Jürgen H. Kölle. ISBN 3-540-11227-8.
1981, 132 Seiten mit 64 Abbildungen und 1 Faltplan. 43,— DM

55 **Arbeits- und Kapazitätsteilung in der Montage**
Von Stefan Dittmayer. ISBN 3-540-11228-6.
1981, 124 Seiten und 56 Abbildungen. 43,— DM

56 **Beitrag zur systematischen Planung der Qualitätsprüfung bei Klein- und Mittelserienfertigung**
Von Herbert Babic. ISBN 3-540-11325-8
1982, 108 Seiten mit 38 Abbildungen und 7 Tabellen. 53,— DM

57 **Methode zur rechnerunterstützten Einsatzplanung von programmierbaren Handhabungsgeräten**
Von Uwe Schmidt-Streier. ISBN 3-540-11355-X.
1982, 188 Seiten mit 72 Abbildungen. 53.– DM

58 **Werkstoff- und Energiekennwerte industrieller Lackieranlagen, am Beispiel der Automobilindustrie**
Von Rainer Manfred Thiel. ISBN 3-540-11356-8.
1982, 116 Seiten mit 59 Abbildungen. 53.– DM

59 **Maßnahmen zum Verbessern der pneumatischen Lackzerstäubung – Teilchengrößenbestimmung im Spritzstrahl –**
Von Klaus Werner Thomer. ISBN 3-540-11507-2.
1982, 162 Seiten mit 94 Abbildungen und 1 Tabelle. 53.– DM

60 **Ermittlung und Bewertung von Rationalisierungsmaßnahmen im Produktionsbereich**
Von Jürgen Schilde. ISBN 3-540-11730-X.
1982, 158 Seiten mit 57 Abbildungen. 53.– DM

61 **Untersuchung von Verfahren der Reihenfolgeplanung und ihre Anwendung bei Fertigungszellen**
Von Mohamed Osman. ISBN 3-540-11747-4.
1982, 124 Seiten mit 32 Abbildungen und 3 Tabellen. 53.– DM

62 **Ein Simulationsmodell zur Planung gruppentechnologischer Fertigungszellen**
Von Volker Saak. ISBN 3-540-11747-4.
1982, 134 Seiten mit 53 Abbildungen. 53.– DM

63 **Verfahren zur technischen Investitionsplanung automatisierter Fertigungsanlagen**
Von Günter Vettin. ISBN 3-540-11747-4.
1982, 134 Seiten mit 63 Abbildungen. 53.– DM

64 **Pneumatische Sensoren zur prozeßsimultanen Messung des Werkzeugverschleißes und zur Kollisionsvermeidung beim Messerkopffräsen**
Von Wolfgang Jentner. ISBN 3-540-11747-4.
1982, 126 Seiten mit 47 Abbildungen und 6 Tabellen. 53.– DM

65 **Rechnerunterstützte Gestaltung ortsgebundener Montagearbeitsplätze, dargestellt am Beispiel kleinvolumiger Produkte**
Von Eberhard Haller. ISBN 3-540-12015-7.
1982, 130 Seiten mit 43 Abbildungen. 53.– DM

66 **Fernsehüberwachung von Schutzgasschweißvorgängen mit abschmelzender Elektrode MIG – MAG**
Von Ruprecht Niepold. ISBN 3-540-12181-7.
1983, 178 Seiten mit 73 Abbildungen und 5 Tabellen. 58.– DM

67 **Entwicklung flexibler Ordnungssysteme für die Automatisierung der Werkstückhandhabung in der Klein- und Mittelserienfertigung**
Von Karl Weiss. ISBN 3-540-12455-1.
1983, 116 Seiten mit 68 Abbildungen. 58.– DM

68 **Automatisierte Überwachungsverfahren für Fertigungseinrichtungen mit speicherprogrammierten Steuerungen**
Von Werner Eißler. ISBN 3-540-12456-X.
1983, 128 Seiten mit 66 Abbildungen. 58.– DM

69 **Prozeßüberwachung beim Galvanoformen**
Von Jürgen Wilhelm Böcker. ISBN 3-540-12457-8.
1983, 118 Seiten mit 32 Abbildungen. 58.– DM

70 **LAPEX – Ein rechnerunterstütztes Verfahren zur Betriebsmittelzuordnung**
Von Stephan Mayer. ISBN 3-540-12490-X.
1983, 162 Seiten mit 34 Abbildungen und 2 Tabellen. 58.– DM

71 **Gestaltung eines integrierten Produktionssystems für die Sortenfertigung unter Einsatz der Clusteranalyse**
Von Gerald Weber. ISBN 3-540-12650-3.
1983, 194 Seiten mit 54 Abbildungen. 58.– DM

72 **Gußputzen mit sensorgeführten, programmierbaren Handhabungsgeräten**
Von Eberhard Abele. ISBN 3-540-12651-1.
1983, 133 Seiten mit 66 Abbildungen. 58,– DM

73 **Untersuchungen zur Herstellung und zum Einsatz galvanogeformter Erodierelektroden**
Von Harald Müller. ISBN 3-540-12822-0.
1983, 148 Seiten mit 78 Abbildungen. 58,– DM

74 **Ein Beitrag zur Optimierung der Prozeßführungsstrategien automatisierter Förder- und Materialflußsysteme**
Von Hans Steffens. ISBN 3-540-12968-5.
1983. 161 Seiten mit 60 Abbildungen. 58,– DM

75 **Entwicklung eines Verfahrens zur wertmäßigen Bestimmung der Produktivität und Wirtschaftlichkeit von Personalentwicklungsmaßnahmen in Arbeitsstrukturen**
Von Christian Müller. ISBN 3-540-13041-1.
1983. 129 Seiten mit 34 Abbildungen. 58,– DM

76 **Berechnung der Gestaltänderung von Profilen infolge Strahlverschleiß**
Von Wolfgang Marx. ISBN 3-540-13054-3.
1983. 121 Seiten mit 58 Abbildungen. 58,– DM

77 **Algorithmen zur flexiblen Gestaltung der kurzfristigen Fertigungssteuerung**
Von Rudolf E. Scheiber. ISBN 3-540-13500-6.
1984, 150 Seiten mit 73 Abbildungen und 1 Tabelle. 63.– DM

78 **Galvanisieren mit moduliertem Strom**
Von Jürgen Wolfgang Mann. ISBN 3-540-13733-5.
1984, 145 Seiten und 58 Abbildungen. 63,– DM

79 **Fluoreszenzmeßverfahren zur Schmierfilmdickenmessung in Wälzlagern**
Von Wolfgang Schmutz. ISBN 3-540-13777-7.
1984, 141 Seiten und 66 Abbildungen. 63,– DM

94 **Entwicklung und Einsatz eines interaktiven Verfahrens zur Leistungsabstimmung von Montagesystemen**
Von Günter Schad. ISBN 3-540-16978-4.
1986, 120 Seiten mit 31 Abbildungen und 1 Tabelle. 68,– DM

95 **Qualifizierung an Industrierobotern**
Von Wolfgang Bachl. ISBN 3-540-17018-9.
1986, 218 Seiten mit 30 Abbildungen. 68,– DM

96 **Rechnersimulation des Beschichtungsprozesses beim Elektrotauchlackieren – Anwendung zum Berechnen des Umgriffs**
Von Otto Baumgärtner. ISBN 3-540-17102-9.
1986, 113 Seiten mit 42 Abbildungen. 68,– DM

97 **Ergonomische Gestaltung von Rotationsstellteilen für grob- und sensomotorische Tätigkeiten**
Von Werner F. Muntzinger. ISBN 3-540-17247-5.
1986, 135 Seiten mit 51 Abbildungen und 33 Tabellen. 68,– DM

98 **Die optische Rauheitsmessung in der Qualitätstechnik**
Von R.-J. Ahlers. ISBN 3-540-17242-4.
1986, 133 Seiten mit 56 Abbildungen und 2 Tabellen. 68,– DM

99 **Maschinelle Spracherkennung zur Verbesserung der Mensch-Maschine-Schnittstelle**
Von Gerhard Rigoll. ISBN 3-540-17350-1.
1986, 134 Seiten mit 55 Abbildungen. 68,– DM

100 **Konzeption und Auswahl modularer Magazinpaletten**
Von Thomas Zipse. ISBN 3-540-17584-9.
1987, 126 Seiten mit 54 Abbildungen. 68,– DM

101 **Anschlüsse an Kupferrohre – Herstellung und Automatisierungsmöglichkeit**
Von Eberhard Rauschnabel. ISBN 3-540-17807-4.
1987, 120 Seiten mit 88 Abbildungen. 68,– DM

102 **Mengen- und ablauforientierte Kapazitätsplanung von Montagesystemen**
Von Hans Sauer. ISBN 3-540-17815-5.
1987, 156 Seiten mit 64 Abbildungen. 68,– DM